AI도 훔쳐보는

방어 운전 필살기

GoldenBell

사람을 살리는
방어 운전 필살기

"평생을 자동차로 밥 먹는 사람이 자기 와이프 운전 하나 제대로 가르치지 못하다니...?!" 20여년 장롱면허를 굳건히(?) 유지하고 있는 집사람의 푸념입니다.

물론 처음에는 도로연수, 주·정차 요령 등 근교 드라이브까지 운전을 했지만 어느 한순간 아내의 운전 실수가 두려움으로 남게 되더군요.

필자 또한 자동차 관련 지식과 경험을 가지고 운전을 하지만, 정말 예상치 못한 일들이 생길 때마다 가슴을 쓸어내리고 심지어 머리끝까지 화가 치밀어 경적을 울리고 화를 다스렸던 기억들을 부인하지 않겠습니다.

그만큼 다양한 운전 환경과 운전자들의 운전 습관이 혼재되어 오늘도 도로에서 황망스레 '나홀로 자동차'는 폭주하고 있습니다.

필자는 자동차 정비가 전공이고 이것이 인연이 되어 자동차 부품 생산기업인 HL Mando에서 연구원으로 25년간 자동차 부품 평가 및 개발업무를 끝으로, 현재는 현대 블루핸즈 상용서비스 검사장에서 검사원으로 재직하고 있습니다.

자동차 부품 평가 업무를 하면서 대부분의 국내 전국 도로와 혹한의 나라에까지 출장을 가 드라이빙을 하게 되었고, 그로 인해 말 못할 많은 운전 실수와 사고를 체험하거나 목격을 하게 됩니다.

이 책의 바램은 이렇습니다. 매년 수많은 햇병아리 운전자가 학원에서 면허를 취득하고 도로로 나오게 됩니다. 하지만 이들에게 최소한의 운전에 대한 경각심과 아울러 안전 운전에 절대 필요 지식과 경험을 전달해 줄 수 있는 어쩌면 이 시대 마지막 운전 가이드북이 될 것이라는 심정으로 집필한 동기입니다.

부디 운전에 처음 입문하는 미래 우리 꿈나무들에게 운전에 대한 올바른 지식과 습관이 자리 잡게 되어 장차 대한민국이 교통사고 없는 나라가 되기를 소망합니다.

이 한 권의 책 속에 당신이 앞으로 운전 중 겪게 될
모든 이야기를 담았습니다.

"이 책은 이렇게 꾸몄습니다!"

1. 차량에 운전자로 탑승했을 때 자세 세팅과 브레이크, 핸들, 액셀 페달 조작 요령

2. 운전 중 발생하는 주요 경고등에 대한 이해 및 대처 요령

3. 위험 판단 단계에서 전조등, 비상등, 경음기 작동 요령

4. 도로 주행 중 발생할 수 있는 대표적인 위급상황 대응 관련 Driving ; 급발진 분석 및 대처, 로드킬 & 도로 낙하물 대처

5. 대표적인 기후, 날씨 관련 대응 Driving ; 빗길, 눈길, 빙판길, 침수 도로 대처

6. 도로주행중 운전 환경에 대한 적정한 시선 처리 및 분배 방법

7. 대형 차량들의 차량 특성 이해를 통한 조치와 안전운전

8. 국내 자동차 교통사고 현황 분석을 통한 자동차 운전 관련 경각심 고취

9. 내용 중 필자의 연구와 경험치를 수록

도움주신 분들

▪ 송영배
- 대한민국 명장(자동차검사)
- 대한민국 산업현장교수
- 글로벌 숙련기술진흥원 전수위원
- 한국교통안전공단 검사원

▪ 박규진
- ㈜오토월드 종합 검사소 책임자(충북 음성군)

▪ 김동빈
- 현대 블루핸즈 화성 상용서비스㈜ 검사소 검사원
- 국립 한국교통대학교 산업경영공학과 08학번
- 고용노동부 직업능력훈련 개발 교사 3급(자동차정비)
- (사)한국자동차공학회 정회원
- 자동차 정비기사

▪ 정웅연
- 르노자동차 강서정비센터㈜ 검사소장
- 한국교통안전공단 성산검사소 정년퇴임

▪ 구도성
- 현대 블루핸즈 화성 상용서비스㈜ 검사소 책임자

▪ 김정섭
- HL Klemove V&V Vehicle Test 책임연구원

▪ 노재만
- HL Klemove V&V Vehicle Test 책임연구원

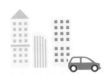
목차

■ 머리말

1장 운전대 잡기

2장 위급상황 대응 Driving

- ☑ 탑승 전 차량 상태 점검법을 알 수 있다.
  특히 타이어의 중요성과 상태를 점검할 수 있다.
- ☑ 탑승 후 기본적인 차량상태를 확인할 수 있다.
- ☑ 안전하게 출발하는 방법을 이해할 수 있다.
- ☑ 운전 종료 후 상황에 따른 올바른 주차를 할 수 있다.

1장

운전대 잡기

이런 이야기 할 수 있습니다. 무슨 맨날 밥 먹듯이 하는게 자동차 운전인데... 이렇게 까지 복잡한 내용들을 책에 넣어야 하는지. 혹시 책을 만들다 보니까 면수를 채우기 위해서 그런건 아닌지요?

필자가 퇴직 후 지정자동차 검사장에서 자동차 검사원으로 5년간 대형차부터 소형차까지 검사를 하다보니 정말로 차에 대해 무심한 운전자들이 많았습니다.

또한 심심하면 한 번씩 터져 나오는 자동차 관련 대형사고는 매년 연출된 시나리오처럼 반복되는게 현실입니다.

교통사고는 개인이 아닌 공동체 운명입니다. 그리고 그 피해자와 가해자는 나의 가족, 친구, 이웃이며, 직장동료입니다. 이제부터라도 운전에 대한 인식전환이 필요하며 수없이 반복되는 교통사고를 줄여야 합니다. 그리고 끝으로 교통사고 경험을 Best Driver로 가는 답습과정의 훈장처럼 여겨지는 일부 운전자들의 인식은 사뭇 아쉬울 따름입니다.

탑승 전 해야할 일

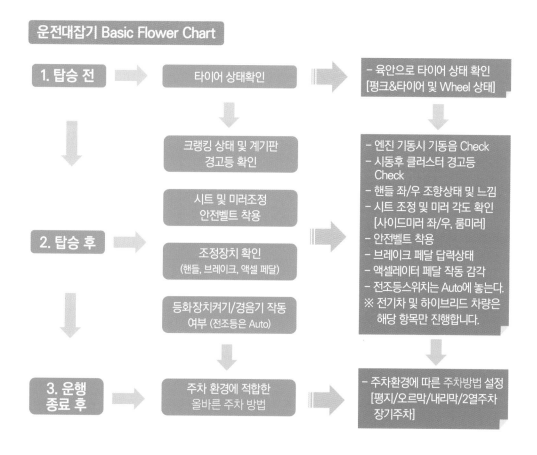

운전대잡기 Basic Flower Chart

1. 탑승 전 → 타이어 상태확인 → - 육안으로 타이어 상태 확인
[펑크&타이어 및 Wheel 상태]

크랭킹 상태 및 계기판
경고등 확인

- 엔진 기동시 기동음 Check
- 시동후 클러스터 경고등
  Check
- 핸들 좌/우 조향상태 및 느낌
- 시트 조정 및 미러 각도 확인
  [사이드미러 좌/우, 룸미러]
- 안전벨트 착용
- 브레이크 페달 답력상태
- 액셀레이터 페달 작동 감각
- 전조등스위치는 Auto에 놓는다.
※ 전기차 및 하이브리드 차량은
  해당 항목만 진행합니다.

시트 및 미러조정
안전벨트 착용

2. 탑승 후 →

조정장치 확인
(핸들, 브레이크, 액셀 페달)

등화장치켜기/경음기 작동
여부 (전조등은 Auto)

**3. 운행
종료 후** → 주차 환경에 적합한
올바른 주차 방법 → - 주차환경에 따른 주차방법 설정
[평지/오르막/내리막/2열주차
장기주차]

1. 타이어 상태확인

| 탑승 전 | ➡ | 타이어 상태확인 | ➡ | – 육안으로 타이어 상태 확인 [펑크&타이어 및 Wheel 상태] |

아침에 출근할 때 또는 저녁에 퇴근할 때 주차장에 세워진 차량에 가서 운전을 하기 위해 문을 열고 좌석에 앉아 시동을 걸고 출발할 때... 나름 규칙적인 습관이 필요합니다.

자동차는 보통 수만 가지 부품으로 이루어진 조합체이며 엔진 시동을 걸고 출발하는 순간부터 이러한 부품들이 각자의 기능을 수행하며 운전자의 조작에 의해서 움직입니다.

올바르게 습관화된 행동은 미처 예상하지 못한 상황에서 문제를 예방하거나 손실을 최소화 하는 기능을 수행합니다. 대부분의 운전자분들마다 나름 기준이 있겠지만 이 장에서는 가장 기본적이고 필수적인 내용에 대해 설명을 드리도록 하겠습니다.

 자동차 타이어 상태 및 등화장치 작동 여부를 육안으로 확인한다.

☑ **펑크**
☑ **타이어 손상**
☑ **타이어림 파손**

Why? 왜... 타이어 공기압 상태를 육안으로 확인을 해야 하죠? 그것도 출·퇴근 할때! 요즘 대부분의 차량은 튜브리스 타이어를 사용합니다. 튜브리스 타이어 특징은 못 등이 박혀도 타이어 공기압이 급격히 빠지지 않아 이를 모른 채 차량이 운행되는 경우가 많습니다

하지만 장시간 주차 후인 아침 출근 시간이나 퇴근 시간 때에 문제가 있는 타이어는 육안으로 쉽게 확인이 됩니다.

그래서 이 장에서는 타이어에 대해 준 전문가 수준으로 정확하게 공부를 해보겠습니다.

1-1 타이어 기능 이해하기

타이어는 자동차에서 안전운전과 직결되는 아주 중요한 부분이고, 또한 차량 부품 중 가혹도가 가장 높은 소모부품이지만 대부분의 오너 운전자들이 타이어에 대해 잘 이해하지 못하는 것이 현실입니다.

그래서 본 책에서 중요하게 설명이 필요한 부분으로 생각되어 자세히 정리를 해보겠습니다.

Tire (지치다) ed 가 붙으면 (피곤한) 입니다.
차가 움직이는 동안 수억 만 번 회전만 하므로, 엄청 피곤한 임무를 맡고 있습니다.

그만큼 자동차에서 가장 아랫부분에 장착되고 차량의 무게, 노면의 충격, 진동, 심지어 급제동에 따른 노면과의 마찰, 도로 위에 돌기, 장애물 등 대부분의 위험요소를 지켜주는 아주 고마운 녀석입니다.

그래서 자동차의 다른 부품에 비해 상처도 많고 수명도 짧습니다.

옛날 선조들이 과거를 보러 한양으로 올라 갈 때 가장 많이 봇짐에 챙긴 것이 짚신입니다. 사람이 움직이는 동안 가장 많이 마모가 생기며 짚신 없이는 정상적으로 걷기가 어려웠습니다.

1-2 타이어 공기압 확인장치 장착 법적 의무화

튜브리스 타이어의 급속한 보급으로 타이어에 이물질이 박혀 공기가 서서히 감소해도 운전자가 쉽게 확인이 어렵고 이를 인지하지 못한 상태에서 주행이 지속되어 심각한 교통사고를 유발하고 있습니다. 그래서 선진국순으로 주행중 타이어 공기압 자동경고 시스템 장착을 의무화했습니다.

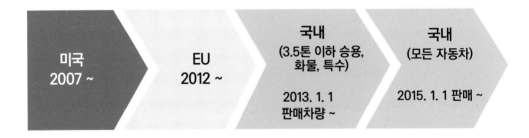

메모장

TPMS는 국내에 출고된 차량 중 2013년 1월 1일 이전 차량은 옵션으로 장착이 된 경우와 일부 고급 차량에는 기본으로 장착된 경우가 있고, 그 외 차량들은 장착이 되어 있지 않다고 생각하시면 됩니다.
참고로 필자가 타고 다니는 2010년형 HD 아반테는 TPMS 기능이 없는 차량입니다.

※ 최근에는 사제품 TPMS도 널리 보급되어 비장착 출고 차량에도 쉽게 장착이 가능합니다.

1-3 TPMS가 장착된 차량인데 구태여 육안으로 타이어를 확인해야 하는 이유는 무엇인가요?

TPMS 시스템은 나름 편리한 부분도 있지만 너무 믿거나 맹신하면 안됩니다.

차량에 장착되는 시스템마다 작동방식, 응답속도가 다르고 사용환경에 따라 오작동이 발생할 수 있습니다.

그냥 Tire 공기압 모니터링 운전자 보조시스템 정도로 이해해주세요. 이 말은 너무 이 시스템에 의지하거나 믿지 말라는 이야기입니다. 최종 판단은 운전자 시각으로 해주세요.

참고로 TPMS이 없는 차량은 그냥 운전자가 수시로 육안검사 및 공기압 확인을 통해 해주면 됩니다.

1-4 TPMS 종류 및 특징

다음은 큰 틀에서 정리한 대략적인 종류와 특징입니다.

자세한 내용은 방식과 종류가 너무 다양해서 구태여 이 책에서는 다루지 않겠습니다.

구 분	원 리	특 징	비 고
직접식	Tire 내부 압력센서를 통해 수시로 공기 압력을 모니터링 합니다.	신속한 모니터링이 가능하고 개별 타이어 공기압 상태를 운전자에게 알려줍니다.	가격이 비쌈/ 상황에 따라 배터리 수명이 다 되면 주기적인 송신모듈 교체가 필요하고, 추운 겨울에 간헐적 오작동이 있을 수 있습니다.
간접식	압력 센서 없음, 타이어 공기압 저감에 따른 동반경 사이즈를 알고리즘으로 연산하여 모니터링하는 방식	공기압 부족이 의심되는 경우만 경고등을 띄웁니다. 직접식에 비해 반응속도가 다소 느립니다.	가격이 저렴하고, 구조가 간단하며, 온도 환경 조건에서 특별한 오작동이 없습니다.

TPMS 경고등은 공기압이 적정공기압 이하로 낮아진 타이어를 감지하였을 때 계기판에 표시됩니다. (통상적으로 적정공기압 대비 약 25% 이하)

1) 기온의 변화로 공기압이 떨어질 경우

2) 타이어 펑크로 인해 공기압이 떨어질 경우

3) 센서 및 송수신 장치의 오류

▲ 통상적인 직접식 TPMS 모니터링화면   ▲ 통상적인 간접식 TPMS 모니터링화면

1-5 타이어 공기압에 따른 타이어 상태

▲ 정상공기압   ▲ 공기압 부족   ▲ 공기압 과다

타이어 공기압에 따른 일반적인 문제점

▶ 정상인 경우 : 제작사가 차량 초기 설계시 고려했던, 대부분의 성능을 만족하는 공기압 입니다

　　　　　　→ 제동 & 조향성능, 승차감 , 타이어 안전성능

▶ 부족한 경우 : 대표적으로 구름저항 증가로 가속 및 연비 성능이 떨어지고 심한 경우 타이어가 림에서 이탈하여 급격한 차량쏠림, 제동 및 조향기능이 비정상적으로 이루어져 의도하지 않은 대형사고를 유발하는 스탠딩 웨이브 현상의 원인이 됩니다.

▶ 과도한 경우 : 승차감이 나빠지고 제동거리가 길어지며, 심한 경우 타이어 파열에 원인이 됩니다. 특히 여름철 과도한 공기압+과도한 중량적재+고속주행= 타이어 손상에 원인이 됩니다.

1-6 그렇다면 차량에 적정 타이어 공기압은 어떻게 될까요?

차량이 출고될 때 그 차량에 사용할 수 있는 타이어 사이즈와 공기압을 표시해 놓았습니다. 통상적으로 대부분의 승용차는 운전석 문짝 프레임 아래쪽에 스티커를 붙여 놓습니다.

그래서 장착하는 타이어의 규격에 준해서 권장 공기압을 넣고 다녀야 합니다.

하지만 일부 운전자들은 정비소에서 다 알아서 맞춰 주니까 구태여 신경쓰지 않는 운전자도 많습니다.

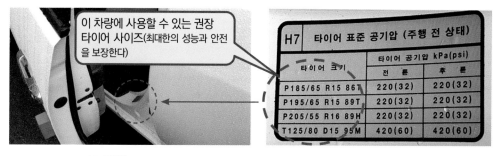

▲ 2010년식 HD AVANTE

이 차량은 출고될 때 제작사가 4가지 크기의 타이어 사용을 권장하며, 타이어 사이즈별 권장 공기압을 전륜·후륜으로 구분하여 설명해 놓았습니다.

이 표시는 대부분의 차량에 붙어 있습니다.

통상적인 계절/차량 상태에 따른 타이어 공기압 주입기준

구 분	냉간 조건 (정차 1시간 이후)	열간 조건 (정차 1시간 이내)
동절기 (10월 ~ 4월)	규정공기압	규정공기압 + 3Psi
하절기 (5월 ~ 9월)	규정공기압 + 3Psi	규정공기압 + 5Psi

출처 : Youtube 슬기로운 자동차 생활

1-7 타이어에 넣을 수 있는 MAX 공기압은 어떻게 될까요?

타이어는 고무 제품입니다. 그래서 사용하는 차량의 용도에 맞게 설계되고 만들어집니다. 그리고 최대로 넣을 수 있는 공기압과 지지 하중 그리고 최고로 주행할 수 있는 속도 등을 타이어 측면에 표시에 놓았습니다.

그래서 타이어는 자동차에서 안전과 매우 밀첩한 관계가 있는 소모품입니다.

1-8 타이어 공기압상태 육안 확인방법

차량마다 타이어 사이즈가 다르고 공기압도 다릅니다. 그래서 내 차량에 맞는 기준이 있어야 합니다.

물론 TPMS 시스템이 장착된 차량은 시동을 걸면 공기압을 스스로 체크해서 운전자한테 알려주는 차량도 있지만, 차량마다 그 특성이 다르고 시스템 고장 또는 오류시에도 경고 등을 띄우므로 전적으로 이 시스템을 기준으로 타이어 상태를 믿기에는 한계가 있습니다.

그래서 운전자는 차량 탑승 전 1차적으로 자신의 차량 타이어 상태를 육안으로 확인하는 습관이 필요합니다.

하지만 운행 전 육안점검 결과가 양호하고 TPMS 경고등이 없다가 주행 중 경고등이 점등된다면 이때는 가능한 안전지대로 차량을 이동시켜 필히 육안으로 타이어 상태를 재 확인하고 조치를 취해야 합니다.

그래서 타이어 상태를 평소에 육안으로 확인하는 습관이 중요합니다.

그렇치 않으면 타이어의 종류에 따라서 공기압이 부족해도 문제 여부를 판단하기가 쉽지 않은 경우가 발생합니다.

운행 전 타이어의 상태확인 의무가 아닌 안전운행 필수 항목입니다!

다음은 일반적인 차량에서의 공기압에 따른 타이어 상태를 사진으로 확인해 보겠습니다. 아래 그림 차량은 HD AVANTE 차량으로 타이어 사이즈는 205/55/R16 이고 표준 공기압은 32psi 차량입니다.

36psi

통상 공기압으로 표준 공기압 대비 10% 정도를 UP한 공기압 상태

일반 정비소 등에서 고객차량 타이어에 넣어 주는 공기압입니다. 또한 보통 고속도로 주행시 권장하는 공기압입니다.

32psi

자동차 제작사가 권장하는 표준 공기압 상태

자동차 제작사에서 이 차량에 권장하는 표준공기압으로 기본적인 제동, 핸들링 성능과 승차감이 가장 양호한 상태의 공기압입니다.

24psi

표준 공기압 대비 25%가 부족한 공기압 상태

통상적으로 TPMS 시스템이 타이어 공기압 부족을 경고하는 공기압 상태입니다.

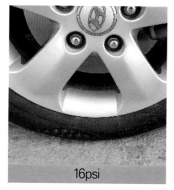

16psi

10psi

표준 공기압대비 50% 이하상태
[운행금지 공기압입니다!]

운전 조건에 따라 타이어에 문제가 발생할 수 있는 공기압으로 차량무게, 운전조건(고속주행, 급제동, 핸들링, 비포장도로) 운전이 가속화될 경우 타이어 피로도가 급격히 상승하여 타이어 파손에 원인이 됩니다.

메모장

위에 대표적인 타이어 공기압 상태를 사진으로 정리해 보았습니다. 대부분의 운전자는 타이어 공기압이 50% 이하 정도일 때 육안으로 구분이 가능합니다. 하지만 필자처럼 평소 타이어 공기압 육안 확인이 습관화된 운전자 분들은 위에 열거한 24, 32, 36 psi 까지도 어느 정도 육안 식별이 가능합니다. 물론 차량마다 타이어 공기압에 대한 형상이 다 다르므로 동일한 비율은 아니지만 평소 자신이 운전하는 차량의 타이어 공기압 정도는 육안으로 비교 판단하는 습관을 가지기 바랍니다.

※ **일부 타이어 중** 편평비가 높은 차량은 생각보다 육안 구분이 쉽지 않습니다.

그럼 이제 앞에서 열거한 4가지의 공기압상태 타이어를 나열해 보겠습니다.

여러분은 이 중에서 3,4번 상태 판단을 하실 정도에 눈썰미를 숙달하시면 됩니다. 그러다가 시간이 흘러 1번, 2번을 비교할 수 있으면 최상입니다.

여하튼 4번 타이어는 주행을 하시면 안되고 가능한 공기압을 보충하여 이동하던가 아니면 보험사 출동 서비스를 불러 점검 후 주행을 하기 바랍니다.

고속도로에서 대부분의 차량 타이어 파손은 공기압이 부족한 것을 인지하지 못하고 주행을 하는 과정에서 타이어 코드층 피로가 가속화되어 발생합니다.

그러므로, 고속도로 운행 계획이 있으면 반드시 상태를 점검하고 운행을 해야합니다.

고속주행 중 타이어 파손은 한 순간에 발생하며, 이로 인해 엄청난 대형 사고를 유발할 수 있다는 사실을 명심하기 바랍니다.

이장에서는 오너 운전자분들이 알고 있으면 유용한 타이어 관련 정보 등에 대해 간략하게 정리해 보는 시간입니다.

1. 타이어 규격의 의미

타이어 단면폭 205mm
타이어높이 [편평비 60%]
타이어내경 15인치

사진 및 자료 출처: 한국타이어 홈페이지

205 / 60 R 15

편평비
타이어 높이와 단면폭의 비율
편평비 = (타이어 높이) / (단면폭) X 100

통상적으로 편평비가 클수록 광폭 타이어라고 말합니다. 타이어가 지면에 접하는 부분이 넓어 안정된 고속주행과 제동에 유리한 반면, 승차감 및 연비 측면에서는 다소 불리한 특성이 있습니다.

2. 일반적인 타이어 종류

1) 튜브타이어

Wheel + 고무튜브 + 타이어

쉽게 이해할 수 있는 것은 자전거 튜브 타이어를 생각하면 됩니다. 자동차에도 초창기에 가장 보편화된 타이어였지만 현재는 일부 특수한 경우를 제외하고 거의 사용하지 않습니다. 도로에 놓여진 못 등에 튜브가 쉽게 파손되고 공기 유출이 급격히 발생하여 심각한 교통사고를 유발합니다.

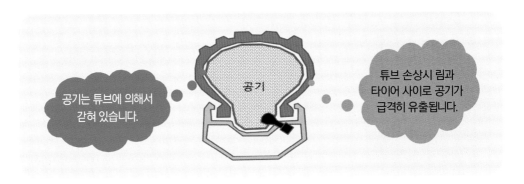

2) 튜브리스 타이어

전용 Wheel + 전용 타이어

전용 휠에 조립되어 타이어내 공기가 타이어와 림 사이에 쉽게 빠져 나갈 수 없는 구조이며 현재 대부분 자동차에 널리 사용되는 타이어입니다.

또한 못 등 금속성 이물질이 박혀도 급격한 공기 유출이 없어 안전운전에 도움이 되고 수리 또한 간단합니다. 단, 타이어 내부의 공기유출을 막기 위해 전용 휠과 전용 타이어가 사용됩니다.

장점이자 단점은 못 등이 박혔을때 공기유출이 서서히 발생하여 운전자가 이를 인지하지 못하고 주행하는 경우가 다수 발생하고, 그로 인해 오히려 문제를 키우는 경우가 발생합니다. 그래서 이런 문제점을 보완하고자 우리나라도 TPMS 시스템 장착이 의무화되었습니다.

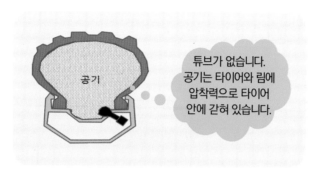

※ 튜브없이 타이어 공기압의 힘으로 타이어가 타이어 림에 압착되어 기밀을 형성하므로 비정상적 공기압 저하는 주행 중 타이어 내구성을 급격히 악화시켜 타이어가 림에서 이탈하는 사고를 발생시킵니다. 그러므로 튜브리스 타이어에서의 적정 공기압은 정말로 중요한 기능을 수행합니다.

3) 런 플랫 타이어

Wheel + 전용타이어 (사이드월 강화고무)

일부 차량에 장착되며 타이어 공기압이 "0"인 경우에도 일정한 속도와 주행거리까지는 정상적인 운행이 가능하도록 만들어진 타이어입니다.

단, 가격이 비싸고 일반타이어 대비 승차감 측면에서 불리합니다.

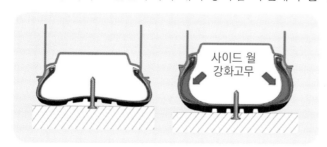

사진출처: 금호타이어 홈페이지

4) 통타이어

전용 Wheel + 전용타이어

타이어에 공기층이 적거나 아예없는 타이어로 특수한 차량(장갑차, 특수 중장비)에 사용하며 펑크에 대한 고민이 없지만 타이어가 엄청 무겁고 진동 충격에 취약하며, 승차감이 현저히 떨어져 일반 차량에는 사용하지 않습니다.

1. 타이어 공기압 셀프로 주입하기

튜브리스 타이어는 금속 이물질이 타이어에 박혀도 공기가 급격히 세지 않고 상황에 따라 아주 서서히 낮아지므로 운전 중에 설사 이물질이 박혀 미세한 에어 리크가 발생해도 대부분 확인이 되지 않은 경우가 많습니다. 물론 TPMS 시스템이 이런 부분에 도움을 주지만 통상 저녁에 문제가 발생한 타이어는 아침에 확인이 용이합니다.

밤새 주차가 되어 있는 동안 문제가 된 타이어는 정상 타이어 대비 현저하게 공기압이 빠져 있는 것을 확인할 수 있습니다. 또한 출근중에 문제가 된 타이어는 퇴근시에 확인이 용이합니다.

이렇게 확인이 된 경우 심한 리크가 아니면 포터블 주입기로 공기를 주입하고 인근 정비소로 이동하여 수리를 받을 수 있습니다.

그러므로 오너 운전자들은 포터블 공기 주입기와 정비소, 세차장, 휴게소 등에 설치된 셀프공기 주입기 사용법에 익숙해져야 합니다.

1) 포터블 공기 주입기 사용하기

자동차 용품점 또는 인터넷에서 수동식(족동식)과, 자동식(모터) 구입이 가능하고 차량에 비치하고 있으면 유용하게 사용할 수 있습니다. 제품별 별도 사용법은 제품설명서에 잘 나와 있으므로 필요하신 분들은 구입해서 사용해 보기 바랍니다.

물론, 보험회사 긴급 출동을 불러서 해결해도 가능하지만 상황에 따라서는 운전자가 대응하고 움직이는 것이 유리할 때가 있습니다.

2) 전자식 셀프 공기 주입기 사용하기

오너 운전자라면 셀프공기 주입기 사용에 익숙해져 있어야 합니다.

최소 한 달에 한 번은 기회가 되었을 때(정비소방문/셀프세차장/일부 휴게소등) 타이어 4개에 대해 공기압 확인 및 보충을 하여 항시 적정 공기압을 유지해야 하며 공기압 확인 중 일부 타이어가 다른 타이어에 비해 유독 공기압 차이가 난다면 미세 리크 등을 의심하고 정비소에 가서 점검을 받기 바랍니다.

1. 주입할 공기압 단위를 3번 버튼을 눌러 선택한다.
2. 4/5번 버튼을 이용하여 2번 설정 공기압 모니터에 공기압 세팅
3. 타이어에 공기주입 리플에 9번 에어 주입기를 설치하면 자동으로 설정된 공기압으로 세팅되고 충전이 완료되면 부저가 울립니다.
4. 단, 현재 타이어 압력이 펑크 상태 즉, 5PSI 이하시에는 위에 3번처럼 해도 공기압이 자동으로 들어거지 않으므로 이때는 6번 시작 버튼을 눌러주면 됩니다.

1. 타이어와 관련된 중요한 용어들

1) 수막현상

타이어와 노면 사이에 수막이 형성되어 마찰력이 급격히 낮아지고 차량이 물위를 주행하는 현상으로 차량 제동 및 조향성능이 상실되어 차량이 통제되지 않아 대형사고를 유발합니다. 특히 타이어 마모가 심해 물배수 능력이 떨어지고 공기압 등이 부적절한 상태에서 물에 젖은 도로를 고속주행 시 심각성이 더욱더 커집니다.

※ 겨울철 눈길, 블랙아이스 노면 등도 수막현상과 유사한 차량 거동이 발생합니다.

2) 스텐딩웨이브 현상

타이어 공기압이 부족한 상태에서 고속주행 시 타이어가 진원을 형성하지 못하고 물결치듯한 형태로 변하면서 타이어 코드층이 급격한 피로 증가로 타이어가 일순간에 파손되는 현상입니다. 이런 현상은 공기압이 낮고 차량 중량이 무거운 상태에서 여름철 고속주행 시 더욱더 쉽게 발생합니다.

3) 스키드 마크

타이어가 회전 중 급제동으로 인해 노면과 타이어 사이에 급격한 마찰열이 발생하고 그로 인해 타이어 고무입자가 노면에 녹아 코팅되어 자국을 남기는 현상으로 과거 자동차에 ABS가 보편화되지 않았을 때 교통사고 조사 원인 분석에 중요한 자료가 되었습니다.

현재는 대부분의 자동차에 ABS 시스템이 장착되어 있어 급제동 시에도 스키드 마크가 생기지 않습니다. 대신 차량용 블랙박스가 널리 보급되면서 과거에 비해 교통사고 조사 분석이 훨씬 용이하게 이루어지고 있습니다.

Coffee Brake Time ❸

타이어 펑크 관련하여 이런 일도 있었습니다!

다음 이야기는 필자가 겪은 타이어 펑크 관련 실화입니다. 웃어야 할지 아니면 울어야 할지! 필자는 출·퇴근시 타이어 공기압 확인이 습관화된 사람으로 그날도 평소처럼 출근을 위해 차량에 탑승 전 타이어를 보니 조수석 타이어 바람이 빠져 주저 앉아 있었습니다.

순간, 저녁에 퇴근할 때 타이어에 이물질이 박힌 것으로 판단하고 차량에 비치된 포터블 충전기로 타이어에 공기압을 채우고 타이어 상태를 이리저리 살펴봐도 특별히 문제가 없었습니다.

그래도 혹시 미세한 실 펑크가 있을 수 있어 근처 카센터에 가서 사정을 말씀드리고 타이어를 탈거하여 물속에 담구었습니다.

보통 미세 리크는 물통에 타이어를 담구면 거의 100% 찾을 수 있습니다.

그런데 아무런 문제가 없었습니다.

그러자 카센터 사장님 왈!!!

"혹시 주차를 통행에 불편하게 해 놓지는 않았는지요?" 가끔씩 이 동네에 선생님 같은 분이 찾아오시는데 타이어에는 문제가 없었습니다. 누군가가 선생님 차량에 분풀이를 하기 위해 일부러 공기를 뺄 수 있습니다.

이 쓸쓸한 기분은 무언지 모르겠습니다.

절대로 이런한 행동은 하지 마십시오. 고의로 타인의 자동차 바퀴에 펑크를 내는 것은 범법 행위이고 고의적 살인 행위입니다.

유트브 영상으로 배우는 자동차 타이어 관련 사고들

▶ 1번 영상 주행중 타이어펑크 사고

https://youtu.be/4bcmEtKncV8   https://youtu.be/40mc4XSx0VA   https://youtu.be/YT0kZpJn52Q

▶ 2번 영상 빗길 수막현상 사고

https://youtu.be/rxJvKflLnrw   https://youtu.be/eq86XTuAznE   https://youtu.be/8VsTWLa_ZpM

▶ 3번 영상 일반 교통사고

https://youtu.be/znVMv9HgEHg   https://youtu.be/Qmakr6arkZU   https://youtu.be/SzVCjeNDFF4

탑승 후 해야 할 일

밤샘 주차 후 아침에 출발을 위해 시동을 거는 순간부터 잠자고 있던 자동차에 모든 기능들이 살아납니다. 그런데 문제가 발생된 장치들은 각 장치들마다 자신의 문제점을 표현합니다. 사람은 아프면 몸에 표정과 행동에 변화가 있듯이 자동차도 자신들이 표현할 수 있는 수단을 통해 문제점을 알려줍니다. 그래서 정비사들은 자동차 시동만 걸어보면 어디가 문제인지 알고 수리를 합니다.

이렇듯 전문가 수준은 아니어도 오너드라이브라면 최소한의 관심을 가지고 차량에 문제점을 인식하여 운행 중 발생할 수 있는 차량 고장을 미연에 예방해야 합니다.

그래서 이 장에서는 오너 운전자가 알고 있어야 할 최소한의 증상 등에 대해 간단히 소개하는 시간을 갖겠습니다.

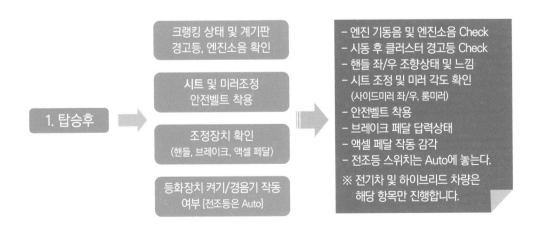

2. 탑승 후	크랭킹 상태 및 계기판 경고등, 엔진 소음 확인(일반 엔진 기준)

구 분	증 상	통상적인 예상원인	비 고
초기 시동 시 (크랭킹)	크랭킹 소음이 평소와 다르게 경쾌하지 않고 약간 힘들게 엔진 시동이 걸린다 (특히 기온이 낮을 때 심하다).	배터리 교체 후 4~5년 이 넘었다면 배터리 충 전용량 **감소** 또는 발전 기 충전 불량 의심	정비소 진단 후 조치가 필요합니다. 가능한 빠른 시간내 점검을 받으세요.
첫 시동 후 엔진소음	시동이 걸리고 평소와 다른 금속성 이음 및 액셀 가속 시 끼익하는 잡음	엔진밸브 및 엔진 회전체 베어링 손상, 간섭 또는 팬벨트 늘어짐	
시동 후 출발전 경고등	엔진오일 경고등	엔진오일 부족/ 오일압력 이상	엔진 시동 Off 후 점검 요청(엔진 소손 가능성 있음)
	충전 이상 경고등	발전기 고장/ 충전회로 이상	인근 정비센터 방문 확인 후 운행 권장
	EPS(전동 조향 장치경고등)	전동 조향장치 시스템 이상	
	브레이크액 레벨 또는 파킹램프 BRAKE	브레이크 패드 마모 과다/오일레벨 부족/ (주차 브레이크 OFF 상태에서)	
	에어백 경고등	에어백 작동관련 시스템 문제발생	에어백 정상 작동을 보증할 수 없습니다.
	ABS/ ESC경고등	ABS/ 차체 자세 제어 장치 이상	주행가능, 단 전자 제어 브레이크가 작동 되지 않습니다.
	엔진 경고등	엔진제어 관련 센서, 시스템 이상	가능한 정비소 진단 후 운행하세요

※ 오너 운전자가 알아야 할 대표적인 중요 경고등에 대해 정리해 보았습니다. 경고등 심벌 모양과 설명은 차량마다 조금씩 다를 수 있습니다. 자세한 내용은 해당 차량의 운전자 매뉴얼을 참고하시기 바랍니다.

1. 운전 중 중요 계기판 경고등에 대한 운전 상황별 대처법

다음은 필자가 그 동안의 지식과 경험을 근거로 작성된 내용이며 모든 조건과 상황에서 최적의 방법이 될 수 없습니다. 상황 판단에 참고 자료로 사용하기 바랍니다.

구 분	대 응 법
계기판 [엔진 온도계]	– 지침이 B위치 영역에서 움직인다면 엔진이 과열되고 있다는 신호로 통상 정상적인 차량들은 A영역 근처에서 움직입니다. 가능한 안전한 곳으로 신속히 차량을 멈추고 대응 관련 사전 지식이 없다면 바로 시동을 OFF하고 출동 서비스를 받으십시오. – 사전 지식이 없다면 절대로 보닛을 열지 마십시오→화상을 입을 수 있습니다. ※ 이런 상태로 무리한 주행은 엔진 고장 및 차량 화재로 이어질 수 있습니다.
[연료 게이지]	– 연료 잔량 경고등이 점등 되었다면 가능한 가까운 곳에서 주유를 해 주기 바랍니다. 주행 가능 거리는 계기판에 설정 버튼을 눌러 확인할 수 있습니다. 하지만 확인이 어렵다면 운전조건 및 상황에 따라 통상 30~40Km 주행이 가능하나고 생각하십시오. 만약 이 거리를 오버해서 운행해야 한다면 출동 서비스를 받기 바랍니다. 도로에서 연료 부족으로 시동이 꺼질 경우 상황에 따라 예상치 않는 교통사고를 유발할 수 있습니다. ※ 장거리 운전 시 출발 전 여유 있는 연료 충전을 습관화하기 바랍니다.
경고등	– 운전 중 엔진오일 경고등(일명: 오일램프)이 들어오면 가능한 빠르게 차량을 안전지대로 옮기고 바로 엔진 시동을 OFF합니다. 엔진오일 부족 또는 엔진오일 압력에 문제가 있을 때 점등됩니다. → 출동 서비스를 받기 바랍니다. ※ 무리한 주행 시 점차 가속이 불량해지고 엔진이 소손되며 시동이 자동으로 꺼지고 상황에 따라 추돌사고를 유발할 수 있습니다.

구분	대응법
경고등	- 배터리 충전불량 경고등입니다. 점등되면 배터리 충전 계통에 문제로 더 이상 정상적인 배터리 충전이 되지 않습니다. 이런 경우 통상 다음과 같이 대응하기 바랍니다. - 주간: 가능한 모든 전기 부하를 OFF합니다(히터, 에어컨, 라디오, 열선 등) 그리고 가능한 빠르게 인근 정비센터 또는 휴게소 등으로 이동 후 → 출동 서비스를 신청하세요. - 야간: 주간과 동일하게 가능한 모든 전기부하를 OFF합니다. 단, 야간 필수 등화장치인 미등과 전조등은 점등합니다. 그리고 가능한 빠르게 인근 정비센터 또는 휴게소 등으로 이동 후 → 출동 서비스를 신청하세요. ※ 만약 이 상태로 계속 주행시 배터리 전압이 점점 낮아지고 전기 부하가 큰 전조등, 에어컨 및 히터 송풍기 등부터 작동이 멈추고 점차 클러스터 불빛이 깜빡임과 동시에 각종 경고등이 순서대로 점등됩니다. 그리고 나서 시동이 자동으로 OFF됩니다. ※ 여기서 경고등 점등 후 모든 부하를 OFF 후 통상 주행 가능한 거리는 차량에 설치된 배터리 용량 및 충전상태 그리고 엔진 전기 소비율에 따라 모두 틀리지만 배터리 충전 상태가 양호하다면 필자 경험상 통상 30분 정도는 비상 주행이 가능합니다.
	- 자동차 회사마다 심벌이 다양하지만 이 경고등은 주차 브레이크를 작동시키거나 브레이크 오일통에 오일 레벨이 규정치 이하로 낮아진 경우에 점등됩니다. 이럴 수 있는 조건은 크게 브레이크 오일이 리크되거나, 브레이크 패드 마모가 심한 경우입니다. [오일이 리크되거나 패드 마모 심하면 상대적으로 오일 통에 오일량은 줄어들게 됩니다. - 대응법: 가능한 신속히 속도를 감속하고 안전한 곳으로 이동합니다. 그리고 주차 브레이크를 몇 번 ON/OFF합니다. 변화가 없다면 시동이 걸린 상태에서 브레이크 페달을 약 5초 간격으로 최소 4번 이상 밟았을 때 페달 답력이 변한다면(푹~꺼짐 현상)→ 운행 중지 → 출동 서비스 신청/그렇지 않다면 가능한 신속히 인근 정비소로 이동하여 점검을 받기 바랍니다. ※ 계속 주행 시 어느 순간 제동력을 보증할 수 없으며 고속주행 중 문제가 발생되면 제동력 부족으로 추돌사고를 일으킬 수 있습니다.

구분		대응법
경고등	EPS	– 전동 조향장치 작동 이상 경고등입니다. 현재 대부분의 승용 차량들은 전기모터의 힘을 이용하여 핸들 조작을 가볍게 하므로 이와 연관된 센서 또는 시스템에 문제가 생긴 것이므로 주행 중 EPS 경고 등이 점등되면 통상적으로 핸들 조작력이 무거워집니다. 그러므로 차량 속도를 낮추고 충분한 안전거리를 유지한 상태에서 안전한 장소로 이동하여 점검 조치를 받기 바랍니다. 간혹, 시동을 껐다가 재시동 시 문제의 경고등이 없어지고 핸들이 정상적으로 작동되는 경우도 있습니다. 이런 경우 충분히 안전운전을 하고 관련 정비센터로 이동하여 조치를 받기 바랍니다. ※ 혹시 위에 내용을 무시하고 주행시 신속한 핸들 조향능력이 떨어져 예상치 않는 상황에서 교통사고를 유발할 수 있습니다.
	ABS / VDC OFF	운행중 갑자기 ESC경고등(일명: VDC)이 점등되었다면, 일단 운전석 근처에 있는 좌측 그림에 버튼을 ON/OFF 해본다 그래도 변화가 없다면 ABS&차체자세 제어장치 시스템에 문제가 생겨 작동을 하지 않는다는 경고 표시입니다. [참고로 ESC 작동 중지버튼은 차종마다 그 형태 및 작동 방법이 상이하므로 사전에 본인이 사용하는 차량에 대해서 그 방법을 확인해 놓는 것이 좋습니다. 특히 일부 수입차 및 르노삼성 자동차 모델은 운전자가 임의로 쉽게 해제하는것을 막아 놓았으므로 유튜브 자료 또는 정비센터에 문의 하기 바랍니다] 이런 경우 정상적인 차량 운전에는 문제가 없으나, ABS 및 ESC가 작동되는 영역에서 시스템이 작동되지 않아 미끄러운 노면에서의 차량 거동 및 주행이 불안해 질 수 있습니다. 충분히 감속 및 안전운전을 하고 목적지에 도착하여, 차량점검을 받기 바랍니다.
	(엔진 경고등)	– 엔진 관련 센서 및 시스템 이상 경고등입니다. 점등 후 차량 가속에 큰 문제가 없다면 안전한 장소로 이동하여(휴게소) 시동을 OFF 하고 다시 재시동을 실시합니다. 이럴 경우 경고등이 소등되거나, 아니면 다시 점등될 수도 있습니다. 다시 점등되었을 때 엔진 부조 및 가속 등에 문제가 있다면 주행을 포기하고 → 출동 서비스를 요청하여 점검을 받기 바랍니다.

28

3. 탑승 후   시트/미러 조정 & 안전벨트 착용

자동차에 탑승하여, 운전자의 시트 조정은 안전운전을 위한 필수 행동입니다. 체형에 맞는 시트 위치 조정을 통해 최상의 운전시야 확보, 운전조작기구(핸들, 브레이크, 액셀)를 용이하게 조작 및 제어할 수 있습니다.

운전석 시트 조정

1 전/후

차량 진행방향 축선에 운전자의 엉덩이 위치를 정합니다. 이 위치는 운전자의 체형에 따라 핸들까지 각도와 발로 조작하는(클러치, 브레이크, 액셀) 페달을 제어하는 발의 각도가 결정됩니다.

2 상/하

전후 시트 즉 조작 기구와의 적정 거리가 정해지면 시트 상·하는 지면으로부터 운전자 엉덩이의 높이를 정하게 됩니다. 이 높이는 전방·좌·우·후면 시야 확보에 아주 중요한 포지션이 됩니다.

 3 등받이 각도

운전 중 허리에 각도를 결정합니다. 허리에 각도는 운전자마다 편하게 느껴지는 자신만의 각도가 있지만, 전방시야 확보와 신속한 조작기구 제어(핸들/브레이크 액셀)에 문제가 없어야 합니다.
이런 내용을 무시하고 너무 편안한 자신만의 각도를 고집한다면, 생각지도 않은 상황에서 차량 제어능력이 떨어져 교통사고로 이어질 수 있습니다.

2. 올바른 운전자 핸들파지 및 시트자세 사진

핸들파지자세

9시, 3시 방향에 핸들을 파지합니다. 한 번에 핸들을 조작할 수 있는 범위가 가장 큰 자세입니다.

시트위치

액셀 및 브레이크 페달조작이 부드럽고 브레이크 페달에 순간 큰 힘을 가할 수 있습니다.

페달 조작(자동 TM)

오른발 뒷꿈치는 바닥에 고정하고 발바닥만 좌/우로 움직여,액셀과 브레이크 페달을 조작합니다.

30

4. 탑승 후 시트/미러 조정 & 안전벨트 착용

자동차에 탑승하여 시트조정이 완료되면 운전자의 엉덩이와 허리 포지션이 정해지고 그 상태에서 운전 중 주변시야를 최대한 확보할 수 있도록 미러 각도 조정을 필히 해야 합니다.

룸미러

룸미러 (일명: 백미러)는 운전 중 후방에서 접근하거나 위치한 (차량, 오토바이, 사람, 사물) 등을 신속하게 파악할 수 있는 장치입니다. 그러므로 운전 중 수시로 후방 상태를 모니터 할 수 있도록 미러 각도로 세팅하고, 시야 범위에 장애물이 없도록 차량 출발 전에 미리 조정을 해야 합니다. 운전 상황별 룸미러 이용 방법은 뒷장에서 좀 더 자세하게 설명을 하도록 하겠습니다.

※ 참고로 차량 제동 시 브레이크 밟는 타이밍은 앞차와의 안전거리도 중요하지만 상황에 따라서는 입체적으로(전·후방 차량의 상태) 판단하여 브레이크 타이밍을 결정해야 합니다. 이유는 후방 차량이 안전거리 미확보로 본인 차를 뒤에서 추돌할 경우 발생하는 육체적인 고통과 피해는 그 누구도 대신해 줄 수 없으므로 운전 중 후방경계는 필수 요건입니다.

사이드미러

사이드미러는 차량 진행 방향에 대해 좌·우측 측면과 측후방을 확인할 수 있는 장치입니다. 물론 최근 차량에는 BSD시스템이 장착되어 있어 차량 측 후방에 대해 일부 어시스트 하는 기능을 가지고 있지만, 그래도 가장 확실한 판단은 운전자의 시각이 우선해야 하며 운전자는 사이드미러와 룸미러 그리고 운전자 고개 각도를 이용하여 입체적인 상황을 판단한 뒤 차선 변경, 추월, 감속 및 가속을 해야 합니다.

3. 올바른 사이드미러 및 룸미러 조정상태

미러 각도가 너무 차체 쪽으로 되어 있어 측후방 시야 A 면적이 2번 사진 B 면적 대비 1/3 수준으로 좁게 보입니다. 이렇게 운전 시 측 후방 사각지대가 넓어져 주변 상황 판단이 잘 되지 않아 차선 변경 또는 추월 운전 시 교통사고에 원인이 됩니다.

전반적으로 본 차량에서는 미러로 확보할 수 있는 최대 측 후방 시야가 확보된 상태입니다. 운전자가 중앙선 넘어 반대편 차선까지도 모니터링할 수 있어 운전 상황 판단이 용이하고 그로 인해 편안하고 여유 있는 운전이 가능합니다.

올바르게 조정된 룸미러 각도는 운전자가 룸미러를 통해 가능한 넓은 영역에 후방 교통상황을 모니터링할 수 있어 복합적인 운전 상황에서 입체적으로 차량을 제어할 수 있도록 해줍니다. 이는 앞만 보고 운전하는 운전자와는 차원이 다른 상황 판단을 할 수 있어 예상치 않은 교통사고를 예방할 수 있거나 사고 손실을 최소화할 수 있습니다.

※ 운전 중 올바른 룸미러와 사이드미러 사용 습관은 안정되고 여유로운 운전 습관을 만들며 이는 다양한 운전 환경에서 입체적으로 상황을 판단하는 능력을 배가시켜 안전운전에 커다란 도움을 줍니다.

5. 탑승 후 조정장치 확인 [핸들, 브레이크, 액셀 페달]

클러치 페달은 수동변속기 차량에만 장착된 장치로 엔진 동력을 변속기로 연결 및 차단할 수 있는 기능을 하며 통상 밟으면 차단되고 놓으면 연결되는 구조를 가지고 있습니다.
확인 포인트: 클러치 페달을 밟았을 때, 행정과 답력의 변화 또는 차단 후 기어를 넣고 출발 시 운전자가 의도한 대로 부드럽게 차량을 출발할 수 있어야 합니다. 그렇지 않고 평소와 다르게 출발이 거칠게 된다면 클러치 디스크 마모 과다 및 관련 계통에 이상이 있으므로 장거리 운전을 삼가하고 인근 정비소에 들러 점검 및 수리를 받기 바랍니다.

모든 차량에 장착된 아주 중요한 장치로 질주하는 자동차를 감속하거나 멈출 수 있도록 하는 장치입니다. 차량마다 작동 방식 및 특성이 다양하므로 평소 자신이 운전하는 차량에서의 브레이크 페달 답력 및 감가속(페달 답력에 대한 차량 감속 비율) 상태를 주의 깊게 관찰을 하셔야 합니다.
확인 포인트: 통상 정차 중 시동을 걸고 페달을 밟았을 때 일정한 답력이 형성되어야 합니다. 그런데 페달 답력이 전과 같지 않고 딱딱하거나 유지되지 않고 바닥 끝까지 페달이 들어간다면 도로 운행을 삼가하고 인근 정비소에 들러 점검 및 정비 후 운행하기 바랍니다.

엔진 출력을 제어할 수 있는 장치로 브레이크 페달 못지않게 중요한 녀석입니다. 요즘 화두로 이슈화 되고 있는 문제점인 급발진, 급가속은 액셀 페달 제어 시스템과 그와 연관된 주변 장치들에 의해서 발생하는 문제점입니다.
물론 요즘 전자제어 엔진은 운전자 액셀 페달 명령 외에도 부수적으로 엔진출력을 제어하는 반자율 주행 시스템들이 있긴 하지만 1차적으로 가장 민감하게 엔진 출력을 증가시키고 다운시키는 시스템은 액셀 페달입니다.
확인 포인트: 정차 중 P 단에서 액셀 페달을 조작했을 때, 엔진 RPM이 리니어 하게 반응해야 합니다. 그렇지 않고 운전자의 의도와 다르게 엔진 RPM이 거칠게 반응한다면, 운행을 하지 말고 점검 및 정비를 받으시기 바랍니다.

5. 탑승 후 등화장치켜기& 점등 확인/경음기 작동 여부 [전조등은 Auto]

운전자는 운전 중에 보행자 및 상대편 운전자에게 소통할 수 있는 메시지 수단이 필요한데 그것이 바로 등화장치 및 경음기입니다. 하지만 필자가 검사장에 근무하면서 느낀 현실은 대부분의 운전자들이 등화장치 및 경음기에 신경을 쓰지 않는 분들이 의외로 많았습니다.

물론 검사장에서는 필수 등화장치에 문제가 있으면 불합격 판정을 받으며 수리 후 재검을 받아야 합니다. 어떤 운전자는 경음기가 작동되지 않은 상태에서 차량을 운전하는 경우도 종종 있었습니다.

여하튼 자동차는 다양한 환경에서 운전이 이루어지고, 미처 생각지도 못한 일들이 발생합니다.
이런 상황에서 나를 보호하고, 상대운전자에게 신속히 메시지를 보내, 추가 사고가 나지 않도록 해야 합니다.
그래서 정상적인 등화장치 작동과, 관련 사용법을 상황에 따라 적절하게 사용을 해야 합니다.

자동차에 필수 등화장치 및 경음기

**전조등(주행빔, 변환빔), 미등,
제동등, 번호등, 방향지시등, 안개등, 경음기**

4. 필수등화장치 작동조건 및 사용용도

하기 내용은 통상적인 국내제작 승용차량을 기준으로 작성되었으며 일부 수입차량 및 특수차량에서는 다를 수 있습니다. 평소 본인이 운전하고 다니는 차량에 대해 그 특성을 한번쯤 확인해 보는 것이 필요합니다.

구 분	등화 및 기타		기능/용도	작동표시
자동차 Key 스위치 ON/ OFF 조건과 무관 하게 상시 작동	등화	전조등 주행빔 [일명 상향등] 순간작동	Dimmer 스위치를 당기고 있을 때 작동한다. 긴급 조광 신호를 보낼 때 사용한다.	[주행빔]
		비상깜박이	긴급상황 또는 주행 중 급감속 상황 등 주변 운전자에게 신속히 주위 알림 상황 전파 시	
		미등	주간/야간 차량 위치표시 기본 등화	
		제동등	제동 또는 차량 감속 시 뒤 차량에게 표시	
		트렁크/실내등 조명	트렁크 및 실내 조명등	[비상등]
		도어열림등	도어 열림 시 작동되는 적색 램프	
	기타	경음기	경적 소음 발생→보행자, 또는 주변 차량 주의 경보	
자동차 Key 스위치 On 조건에서만 작동	등화	전조등 변환빔 (일명:하향등)	통상 야간 주행 시 상시 사용하는 전방 상황 파악 전조등	[미등]
		주행빔 상시작동(일명:상향등)	변환빔 보다 원거리 상황 파악이 용이한 등화로, 마주 오는 차량이 없을 경우 사용	
		방향지시등	자차의 진행 방향을 표시하는 등화 [좌측/우측 분리 작동]	[방향지시등]
		안개등	안개, 비 등으로 운전자 간 시야 확보가 쉽지 않을 때, 차량 위치 알림과 근거리 조사각 확보 시 사용	
		후진등	차량 후진시 점등 차량 후진 상태 알림→ 보행자&운전자	
		파킹램프	차량 정차 시 점등되고, 주행 또는 주차브레이크 작동 시 소등된다.	[안개등]

35

　이렇듯 자동차에 출고 시 장착되어 나오는 모든 등화는 자동차관리법에 의해 그 기준이 명시되어 있으며 각자 그 기능들이 안전 운전에 관련된 등화이므로 운전자는 차량의 등화장치에 대해 관심을 가지고 주기적으로 점검하여 문제가 되는 등화는 수리를 해야 합니다.

　간혹 일부 운전자들이 개인의 취향을 강조 하기 위해 전구의 색깔을 바꾸거나 전구의 광도를 높이고 허가되지 않은 등화를 장착하는 경우가 종종 있습니다.

　이런 등화 장치들은 도로에서 운전자들이 상황을 파악하는데 혼란을 야기시켜 예상치 못한 교통사고를 유발하는 결과를 초래할 수 있습니다.

　자동차 등화장치는 액세서리가 아니고 안전운전에 필요한 필수 등화 장치임을 인지하셔야 합니다.

4-1 전조등 변환빔과 주행빔의 야간 시인성차이

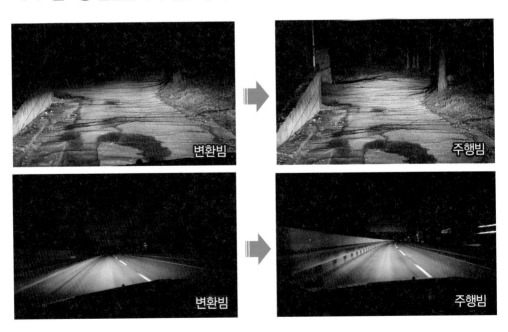

교행 차량 및 보행자에게 피해를 주지 않는 적절한 주행빔 사용은 야간 운전 시 안전 운전에 커다란 도움을 줍니다. 특히 가로등 시설이 미비한 국도 및 고속도로 고속주행 시, 상황에 적절한 주행빔 사용을 습관화 하셔야 합니다. 적절한 주행빔 사용은 전방 가시 거리 확대와 예상치 않은 장애물을 조기에 확인하는데 중요한 역할을 합니다.

4-2 미등과 제동등의 시인성 차이

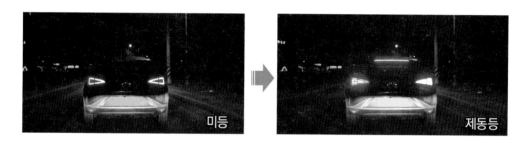

대부분의 운전자들은 야간이라고 해서 주간보다 차량의 속도를 줄여서 운전을 하지 않으므로 항시 충돌 및 추돌 사고에 노출되어 있습니다. 이러한 상황에서 차량에 등화장치는 운전자로 하여금 좀더 신속히 주변 차량들의 상황들을 인식할 수 있도록 함으로써 보다 안전한 운전을 할 수 있습니다.

통계상으로 전방시야 확보가 불량한 야간, 안개, 악천후에서 대형 교통사고가 발생하고 그로 인한 사망자수도 많습니다. 이러한 환경에서, 정상적으로 작동하는 올바른 등화 사용은 대형사고를 예방하고 사고를 최소화할 수 있습니다.

4-3 일부 등화장치의 또다른 사용 용도

주행빔 및 비상등은 국내 도로에서 상황에 따라 다음과 같은 용도로도 많이 사용되고 있습니다. 알아두면 나름대로 유용하게 사용할 수 있습니다.

상황에 알맞은 적절한 등화장치의 사용과 이해는 운전자 간의 이해와 소통 배려의 수단으로 사용되지만 무분별한 사용은 운전자간의 오해를 불러올 수 있어 또다른 신경전을 야기시킬 수 있으므로 적절한 사용에 신중을 기해야 합니다.

> **교행차가 주행빔을 짧게**
> **점멸하는 경우**

- 당신이 주행할 전방에 교통 단속, 교통사고 등 주의가 필요하니, 감속 운행하여 운전하십시오.
  [주간, 야간] 또는 당신의 주행빔 또는 변환빔 때문에 눈이 부셔 운전이 곤란합니다. [야간에]

> **후방 차가 주행빔을 짧게**
> **깜박이는 경우**

- 당신 차량에 문제가 있다 또는 운전을 똑바로 해라 등 주의, 경고성 알림을 전달합니다. 또는 너무 저속 운전한다 차선을 양보해라. (국도, 고속도로에서 1차선 주행 시)

> **교행 차 또는 후방 차가 주행빔을**
> **길게 ON 한다.**

- 교행 차 (야간) : 당신의 전조등 때문에 눈이 부셔 운전이 곤란하다. [불만 표출]
- 후방 차량 (주간/야간) : 무언가 당신 운전에 불만이 있다.

☞ 위에 작성된 내용은 단순히 필자의 경험을 기준으로 작성되었으며 그밖에 다른 견해가 있을 수 있습니다.

▲ 주행빔 점등/점멸에 따른 실 도로에서의 의사전달 이해

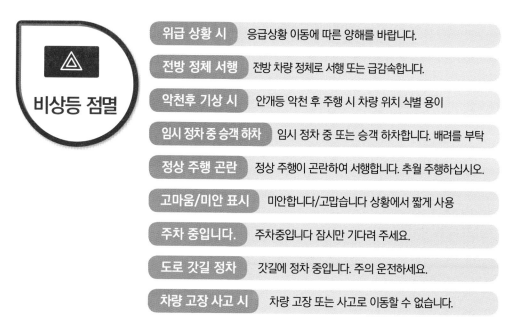

비상등 점멸

위급 상황 시	응급상황 이동에 따른 양해를 바랍니다.
전방 정체 서행	전방 차량 정체로 서행 또는 급감속합니다.
악천후 기상 시	안개등 악천 후 주행 시 차량 위치 식별 용이
임시 정차 중 승객 하차	임시 정차 중 또는 승객 하차합니다. 배려를 부탁
정상 주행 곤란	정상 주행이 곤란하여 서행합니다. 추월 주행하십시오.
고마움/미안 표시	미안합니다/고맙습니다 상황에서 짧게 사용
주차 중입니다.	주차중입니다 잠시만 기다려 주세요.
도로 갓길 정차	갓길에 정차 중입니다. 주의 운전하세요.
차량 고장 사고 시	차량 고장 또는 사고로 이동할 수 없습니다.

☞위에 작성된 내용은 단순히 필자의 경험을 기준으로 작성되었으며, 그밖에 다른 견해가 있을 수 있습니다.

4-5 상황에 따른 경음기 사용

운전을 하다보면 생각지도 않은 다양한 환경에 노출이 되고 이런 환경 속에서 신속한 상황전파를 위해 등화장치와 경음기를 사용하게 됩니다.

그래서 이 장에서는 일반적인 상황에서의 경음기 사용 사례를 정리해 보도록 하겠습니다.

경음기는 ON/OFF 타임과 작동 인터벌을 조합하여 나름 다양한 의사 신호를 차량 주변으로 신속하게 전달할 수 있으므로 유용한 기구이지만 상대 운전자를 배려하지 않는 무분별한 경음기 사용은 운전자 상호 간에 신경전으로 발전하여 다툼으로 이어질 수 있는 민감한 도구이기도 합니다.

　따라서 도로에서의 경음기 사용은 위급 상황이 아니면, 가능한 사용에 신중을 기하고 단순 주의나 알림은 경음기 작동 타임을 짧게 하고 음량을 낮게 조절하여 사용하기 바랍니다.

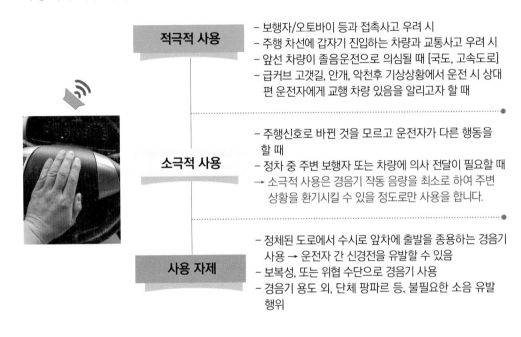

적극적 사용
- 보행자/오토바이 등과 접촉사고 우려 시
- 주행 차선에 갑자기 진입하는 차량과 교통사고 우려 시
- 앞선 차량이 졸음운전으로 의심될 때 [국도, 고속도로]
- 급커브 고갯길, 안개, 악천후 기상상황에서 운전 시 상대편 운전자에게 교행 차량 있음을 알리고자 할 때

소극적 사용
- 주행신호로 바뀐 것을 모르고 운전자가 다른 행동을 할 때
- 정차 중 주변 보행자 또는 차량에 의사 전달이 필요할 때
→ 소극적 사용은 경음기 작동 음량을 최소로 하여 주변 상황을 환기시킬 수 있을 정도로만 사용을 합니다.

사용 자제
- 정체된 도로에서 수시로 앞차에 출발을 종용하는 경음기 사용 → 운전자 간 신경전을 유발할 수 있음
- 보복성, 또는 위협 수단으로 경음기 사용
- 경음기 용도 외, 단체 팡파르 등, 불필요한 소음 유발 행위

운행 종료 후 해야할 일

운행 종료 후 ➡ 주차 환경에 적합한 파킹 방법 ➡ - 주차환경에 따른 파킹 방법 설정
[평지/오르막/내리막/2열 주차/
장기주차]

 이 장에서는 운행종료 후 또는 운전자가 시동이 걸린 상태에서 잠시 차량을 이탈할 때 주차 환경에 따른 대표적인 주차 방법에 대해서 정리를 해 보겠습니다.

 운전자가 차량에서 이탈할 때 차량은 운전자가 의도한 상태로 유지하고 있어야 하지만, 운전자 실수 또는 주차브레이크 미작동 등으로 예상치 못한 황당한 사고들이 종종 발생하는 게 현실입니다. 그래서 평소 자신의 차량을 주차환경에 적절하게 주차를 실시하는 행동이 습관화 되어야 합니다.

 파킹된 자동차가 어떠한 이유로 굴러가서 교통사고가 발생했다면 그 책임은 그 차를 주차한 운전자에게 있습니다.

1. 대표적인 자동차 주차관련 사고 유형

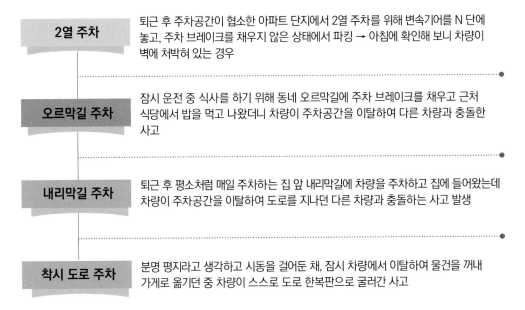

2열 주차
퇴근 후 주차공간이 협소한 아파트 단지에서 2열 주차를 위해 변속기어를 N 단에 놓고, 주차 브레이크를 채우지 않은 상태에서 파킹 → 아침에 확인해 보니 차량이 벽에 처박혀 있는 경우

오르막길 주차
잠시 운전 중 식사를 하기 위해 동네 오르막길에 주차 브레이크를 채우고 근처 식당에서 밥을 먹고 나왔더니 차량이 주차공간을 이탈하여 다른 차량과 충돌한 사고

내리막길 주차
퇴근 후 평소처럼 매일 주차하는 집 앞 내리막길에 차량을 주차하고 집에 들어왔는데 차량이 주차공간을 이탈하여 도로를 지나던 다른 차량과 충돌하는 사고 발생

착시 도로 주차
분명 평지라고 생각하고 시동을 걸어둔 채, 잠시 차량에서 이탈하여 물건을 꺼내 가게로 옮기던 중 차량이 스스로 도로 한복판으로 굴러간 사고

2. 자동차에 장착된 파킹 시스템의 이해

이 장에서는 자동차에 통상적으로 설치되어 있는 파킹 시스템에 대해 이해하고 이를 통해 본인 차량에 적절한 파킹도구 사용법에 대해 정리를 해보겠습니다.

통상적으로 자동차의 파킹브레이크의 파킹 능력은 축중에 20%를 넘도록 되어 있으며, 자동차 정기 또는 종합 검사시 자동차 검사장에서 확인을 합니다.

자동차 파킹이란, 물리적인 수단을 동원하여 차량을 정해진 위치에 머물게 하는 것이다.

자동차에는 다양한 파킹장치가 있지만 통상 승용차에는 다음과 같은 파킹 장치들이 있습니다.

2-1 주차브레이크 시스템별 작동구조와 특징

1) 케이블 방식 수동 주차 브레이크

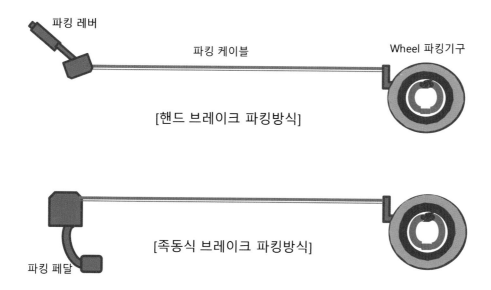

[핸드 브레이크 파킹방식]

[족동식 브레이크 파킹방식]

▶ 특징 : 운전자가 파킹 레버를 당기거나 파킹 페달을 밟으면 당기거나 밟는 힘에 비례하여 파킹 제동력이 결정됩니다.

그런데 파킹케이블이 규정 이상 늘어났거나 파킹 장치에 문제가 있는 경우 운전자 의지와 관계없이 파킹제동력이 약하게 체결됩니다. 그래서 자동차 정기 또는 종합검사시 주차 제동력이 정상적으로 나오는지를 검사합니다.

그러므로 차량을 장기간 주차를 하는 경우 파킹 케이블이 늘어나는 원인이 될 수 있으므로 가능한 평지에 주차를 하고 바퀴에 고임목 등을 고여 놓는것이 안전합니다.

2) 전동식 주차 브레이크 방식[EPB]

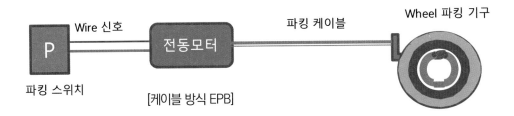

[케이블 방식 EPB]

▶ 특징: 적은 힘(스위치조작)으로 항시 일정한 파킹 제동력을 구현합니다. 약간의 케이블 처짐 등은 모터가 알아서 당기는 힘을 보정하므로 언제나 안정된 파킹 제동력을 구현합니다. 단, 파킹 케이블이 과도하게 늘어나거나 파손된 경우 주차브레이크 경고등을 점등하고, 파킹 기능을 중지 시킵니다.

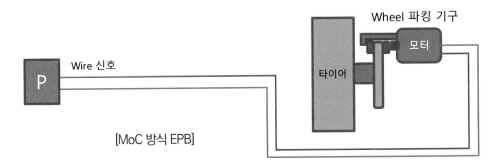

[MoC 방식 EPB]

▶ 특징: 적은 힘(스위치조작)으로 항시 일정한 파킹 제동력을 구현합니다. 파킹제동력은 모터의 기구적인 힘에 의해 발생하고, 항상 최적의 파킹제동력을 유지합니다. 한번 작동된 파킹 제동력은 모터가 역으로 돌지 않으면 절대로 풀리지 않는 구조이며, 케이블을 사용하는 방식대비 파킹 도중에 케이블 등이 파손되어 주차 브레이크가 풀리는 현상은 발생되지 않습니다. 단, 기구적인 고장이 발생하는경우 파킹 해제가 쉽지 않고, A/S 서비스를 받아야 하는 번거로움이 있습니다.

3) 자동 변속기차량 파킹락 장치 [자동변속기 P 모드]

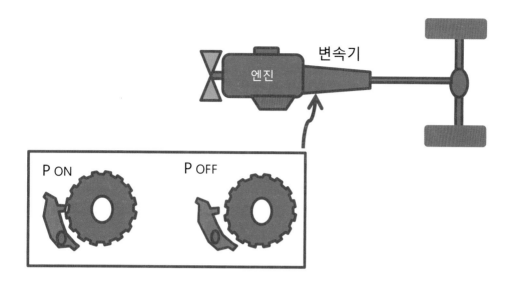

▶ 특징: 이 방식은 대부분의 자동변속기 차량에 장착되어 있으며, 정확히 이야기하면 주차 브레이크는 아닙니다.

즉, 주차보조 파킹 락 장치라는 말이 맞습니다.

자동변속기는 D 드라이브 상태에서 항시 기어가 치합되어 있는 구조이고 N 단은 기어가 빠져 있는 상태입니다. 이런 상황에서 운전자가 잠시 동력을 차단하고 차량 움직임을 제한 하고자 할 때 차량바퀴가 굴러가지 않도록 락킹레버를 톱니바퀴에 걸쳐 놓는 구조입니다. 그러므로 큰 힘이 걸리지 않는 평지 조건에서는 차량을 앞/뒤로 움직이지 못하게 합니다. 단, 경사로 또는 내리막 길에서는 락킹 장치가 역으로 작용하는 힘을 막지 못하고 풀리는 현상이 발생할 수 있습니다. 그러므로 평지외 모든 도로에서는 P 모드+별도 파킹 브레이크를 사용해야 안전한 주차를 할 수 있습니다.

※ 차량이 주행 중에는 P 모드가 체결되지 않는 구조로 되어 있으며 임의로 강제 체결시 파킹기구 파손 또는 차량에 따라 금속성 이음이 발생할 수 있습니다.

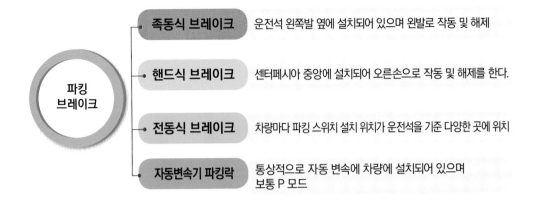

파킹 브레이크	족동식 브레이크	운전석 왼쪽발 옆에 설치되어 있으며 왼발로 작동 및 해제
	핸드식 브레이크	센터페시아 중앙에 설치되어 오른손으로 작동 및 해제를 한다.
	전동식 브레이크	차량마다 파킹 스위치 설치 위치가 운전석을 기준 다양한 곳에 위치
	자동변속기 파킹락	통상적으로 자동 변속에 차량에 설치되어 있으며 보통 P 모드

3. 대표적인 파킹브레이크의 작동 방식의 이해 및 특징

핸드 브레이크·족동식 주차브레이크는 케이블을 통해 바퀴에 설치된 파킹 장치에 힘을 연속적으로 유지하는 방식으로 강력한 주차 제동력과 해제가 용이하지만 파킹 작동 중 케이블에 텐션이 유지되어 케이블 늘어짐이 발생하고 심한 경우 케이블이 끊어지면 주차 기능이 해제되어 차량이 굴러가는 현상이 발생한다.

버튼을 작동하면 그 신호가 파킹 모터에 전달되고 파킹 모터는 설정된 토크로 파킹 기구를 구속한다. 케이블을 사용하지 않기 때문에 작동 신뢰성이 좋은 것이 특징이고, 어떠한 경우라도 모터를 역으로 돌리지 않으면 파킹이 풀리지 않는 장점은 있으나 모터 고착, 또는 회로 이상 시 운전자가 파킹을 해제할 수 없는 불편함이 있다.
[MoC 방식] ※ Motor on Caliper

자동변속기에 설치된 보조 주차 장치로 구속력이 약하며 평지에서 운전자가 잠시 차량을 이탈할 때 바퀴로 가는 엔진 동력을 차단하고 평지에서 차량이 전/후로 밀리지 않도록 임시로 락킹 홈에 고리를 걸어놓는 방식으로 큰 힘이 외부에서 가해지면 고리가 홈에서 이탈하여 파킹이 풀릴 수 있는 구조를 가지고 있습니다.

4. 상황에 맞는 파킹 브레이크 사용하기

앞서 파킹브레이크 시스템별로 작동 원리 및 특징에 대해 정리해 보았습니다.

그러므로 실제 차량 파킹 시 주차 환경을 고려하여 적절한 파킹 방법을 선택하는 것을 습관화하는 것이 좋습니다. 혹시나 파킹풀림 사고가 발생하면 생각지도 않은 대형사고로 발전하므로 어떠한 경우에도 운전자가 이탈한 차량이 스스로 굴러가는 일은 없어야 합니다.

4-1 일반환경 주차

거주지 2열 주차

2열 주차가 허가된 거주 지역 주차 시 아래와 같이 실시합니다.
1. 차량 핸들을 직진 방향으로 놓고, 전·후로 2m 정도 움직였을 때 차량 전·후 방향으로 간섭되는 차량이 없는 위치에 차량을 위치합니다.
2. 기어를 N 단에 놓는다.
3. 파킹은 채우지 않는다. 단, EPB 차량은 자동 파킹이 되지 않도록 파킹 해제 설정을 해놓는다.
4. 문을 잠근다.
5. 연락처를 남겨 놓는다.

거주지 평지 주차

거주지 평지 주차는 운전자가 주차 지형을 잘 알 고 있는 곳으로 주차 시에 파킹을 채우지 않아도 차량이 이동되지 않는 지역을 말한다.
1. 주변 차량 간섭이 되지 않고, 옆 차량 운전석 개폐가 용이하게 차량을 정렬한다.
2. 자동변속기 차량은 P 단에 / 수동변속기 차량은 1단에 위치+주차브레이크
3. 자동변속기 차량은 P 모드 외 별도로 주차브레이크를 채우지 않고 하차 후 문을 잠근다. 단, 자동변속기가 장착된 EPB 차량이 평지에 장기간 주차 시 가능한 변속 레버를 P 위치에 놓고, 자동으로 EPB가 체결되지 않도록 해제 설정을 해놓는 것이 좋습니다.

非 거주지 평지 주차

非 거주지 평지 주차는 출장 또는 외지 주차장에 차량을 주차할 때 거주 지역 대비, 상황 판단이 잘 되지 않는 지역으로 가능한 주차브레이크를 당겨놓습니다.
1. 주변 차량 간섭이 되지 않고, 옆 차량 운전석 개폐가 용이하게 차량을 정렬한다.
2. 자동변속기 차량은 P 단에/수동변속기 차량은 1단에 위치
3. 주차 레버를 가볍게 당겨 놓는다. 단, EPB 차량은 파킹 작동 모드에 놓고, 문을 잠근다.

저녁에 퇴근하여 차량이 스스로 굴러갈 지형이 아닌 평지 주차장에서는 자동변속기 P단에 위치하고 별도로 주차브레이크를 당겨놓지 않아도 됩니다. 특히 장기간 주차시 주차브레이크를 채워 놓으면, 브레이크 디스크에 브레이크 패드가 압착되어 자국이 생기고 이는 주행중에 일시적 제동밀림 및 Judder 현상을 유발할 수 있습니다. 또한 케이블 타입 주차브레이크는 장기간 텐션 작동으로 인해 주차 케이블 장력이 늘어나는 원인이 됩니다.

※ 브레이크 Judder : 제동시 브레이크 떨림현상을 이야기 합니다.

4-2 기타환경주차시

일반 도로 임시주차

차량을 운전하다 보면 도로 갓길 등 차량을 잠시 세우고 물건을 구입하거나, 짐을 상·하차 하는 경우가 있습니다. 이런 경우 방심을 하다 보면 차량 파킹이 되지 않아 차량이 도로 한가운데로 굴러가는 상황도 발생하므로 그 어느 때보다도 신중을 기하셔야 합니다.
1. 자동변속기는 P 단에 위치합니다.
2. 파킹 브레이크를 가볍게 채우고 핸들을 보도블록 방향으로 살짝 꺾어 놓습니다.

오르막길 주차 시

부득이한 상황에서 오르막에 주차를 할 경우 안전 파킹에 신경을 써야 합니다.
1. 차량을 경사로 한쪽에 위치한 상태에서 브레이크를 밟고 주차 브레이크를 채웁니다.
이 상태에서 브레이크 페달에서 발을 제거했을 때 파킹이 유지되어야 합니다.
2. 자동변속기는 P 단에 / 수동변속기는 1단 기어를 넣어 놓습니다.
3. 핸들을 차량이 뒤로 굴러갈 때 보도블록쪽으로 유도될 수 있는 방향으로 꺾어 놓습니다.
4. 화물차량, 또는 짐을 많이 적재한 경우 별도로 고임목을 바퀴 아래쪽에 고여 놓습니다.

내리막길 주차 시

부득이한 상황에서 내리막길에 주차를 할 경우 안전 파킹에 신경을 써야 합니다.
1. 차량을 경사로 한쪽에 위치한 상태에서 브레이크를 밟고 주차 브레이크를 채웁니다.
이 상태에서 브레이크 페달에서 발을 제거했을 때 파킹이 유지되어야 합니다.
2. 자동변속기는 P 단에 / 수동변속기는 후진 기어를 넣어 놓습니다.
3. 핸들을 차량이 앞으로 굴러갈때 보도블록 쪽으로 유도될 수 있는 방향으로 꺾어 놓습니다.
4. 화물차량 또는 짐을 많이 적재한 경우 별도로 고임목을 바퀴 아래쪽에 괴어 놓습니다.

※ 노후된 차량들은 오르막/내리막 경사로에서 주차 브레이크를 평소보다 강하게 당겨 놓습니다. 그렇게 되면 간혹 노후된 케이블이 늘어나거나, 끊어져 주차브레이크가 풀리는 현상이 발생합니다. 그러므로 필히 별도 고임목을 설치하기 바라며 가능하면 경사지에 차량 주차를 자제해 주기 바랍니다.

오르막길 주차 시

파킹 해제 시 차체
진행 방향

[핸들을 오른쪽으로 살짝 돌려놓습니다. 파킹이 풀리면 차량은 보도블록 쪽으로 이동하여 정지합니다]

내리막길 주차 시

파킹 해제 시 차체
진행 방향

[핸들을 왼쪽으로 살짝 돌려놓습니다. 파킹이 풀리면 차량은 보도블록 쪽으로 이동하여 정지합니다]

- 주행전 타이어 공기압 상태확인의 중요성에 대해 학습하였습니다.

- 출·퇴근 시 차량 탑승 전 타이어 상태를 육안으로 확인합니다.

- 타이어 공기압 부족 시 차량주행을 자재합니다.

- 평소 타이어 공기압에 문제가 없어도 최소 1개월에 한 번은 공기압을 재충전
  하여 타이어 상태를 재확인합니다.

- 엔진 초기시동 시 엔진작동음 및 계기판 경고등에 대해 확인합니다.

- 탑승 후 시트를 조정하고 사이드미러 및 룸미러의 각도를 조정합니다.

- 시동을 걸고 출발 전에 차량 조정장치에 대해 점검을 실시합니다.

- 주기적으로 등화장치를 점검하고 올바른 등화장치 사용을 생활화합니다.

- 환경에 알맞은 적절한 주차 방법을 선택하고 생활화합니다.

수고하셨습니다.

☑ 급발진 대응관련 시스템을 이해하고, 예상치 않는 상황에서
　적절하게 대응할 수 있다.

☑ 로드킬 관련하여 상황별 적절하게 대응할 수 있다.

☑ 도로 낙하물에 관련하여 적절하게 대응할 수 있다.

2장

위급상황 대응
Driving

차량을 운전하다 보면 정말로 다양한 환경에서 문제가 발생합니다. 이러한 모든 상황을 일일이 열거할 수 없지만 그 중에서도 빈도수가 있거나 심각성이 큰 위급 상황에 대해 그 동안 필자가 경험한 지식을 바탕으로 관련 자료를 참고하여 최소한의 보편화된 대응 요령에 대해 정리하였습니다.

그러다 보니 일부 내용에서는 다양한 전문지식을 가지고 있는 운전자 분들 또는 실제 그 일을 겪었던 분들에게 공감대 형성이 되지 않거나, 이견이 있을 수 있음을 인정합니다. 하지만 이 책을 통해서 위급상황에 대한 이해와 그런 상황 속에서 최소한의 가이드라인을 제시함으로써 위급상황에서의 손실을 최소화하고자 합니다.

물론 여기서 단편적으로 제시하는 위급 상황에서의 대응 요령이 모두 정답일 수는 없으며 생사의 갈림길에서의 최종 판단은 운전자 본인한테 있음을 주지하시기 바랍니다.

급발진 분석 및 대응 Driving

1. 급발진의 정의

급발진이란? 급발진이란 용어에 대해 다양한 해석과 의미를 논하지만 이 장에서는 필자가 생각하는 나름의 기준으로 정의하고 그것에 대한 대응 요령에 대해 정리해 보도록 하겠습니다.

인터넷 및 유튜브 자료를 검색해 보면 급발진에 대한 다양한 분석과 해석을 쉽게 접할 수 있습니다. 하지만 이러한 내용들이 체계적으로 정리가 되어 있지 않아 급발진 현상이 발생했을 때, 운전자들의 대응 미숙으로 사고를 키우는 일들이 종종 발생합니다.

그래서 이 장에서는 차량 구동 시스템 별로 급발진 상황에서 효과적으로 대응할 수 있는 방법을 엔지니어 관점에서 정리하도록 하겠습니다.

물론 여기에서 제시하는 방법들이 모든 상황에 충족할 수는 없겠지만, 급발진 현상을 올바르게 이해하고 관련 요령들을 체득함으로써 문제발생시 손실을 최소화할 수 있을 것으로 판단합니다.

급발진이란?

운전자가 의도하지 않은 환경에서 엔진 출력이 급격히 상승하여 운전자 의지와 상관없이 차량 급가속이 유지되는 현상

2. 급발진 발생현황 분석

정상적인 자동차는 운전자의 조작에 의해서만 움직이거나 멈춥니다. 대개 차에 있는 액셀이나 풋브레이크를 이용하여 가속과 감속을 하는 게 일반적인 운전 형태입니다.

하지만 급발진은 운전자의 '의도와 상관없이' 엔진의 출력이 비 정상적으로 증가하고 통제가 되지 않은 상황으로 통상적인 급발진 의심 사례들의 블랙박스를 살펴보면 차에서 굉음이 나기 시작하고 속도가 매우 빨라진다는 것을 확인할 수 있습니다.

다음 그래프는 최근 5년동안 자동차 급발진 의심 신고 건수를 정리한 내용입니다.

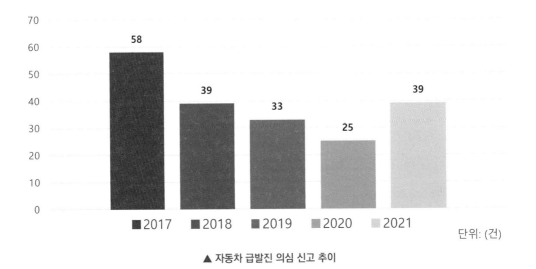

▲ 자동차 급발진 의심 신고 추이

1차출처: 더불어민주당 홍기원 의원실, 한국교통안전공단
2차출처: https://www.newsis.com/view/?id=NISX20220930_0002033270
※ 「6년간 신고된 급발진 사고 201건…결함 인정 사례는 '0건'」, NEWSIS, 2022, 2023.01.22

위에 작성된 자료를 보면 급발진 의심 건수가 현재까지도 꾸준히 증가 추세를 보이고 있으며, 최근에 보도된 국내 기사 자료를 보면 6년간 신고된 급발진 사고 신고 건수 201건 중 제작사가 결함을 인정한 사례는 '0' 건이라는 내용이 있습니다.

그만큼 국내 급발진 현상에 대한 정확한 원인이 밝혀지지 않은 상태이며 이는 앞으로도 이와 유사한 급발진 의심 사례들이 꾸준히 나올 수 있음을 암시하는 대목입니다.

또한 아래 자료를 보면 급발진 현상은 사용하는 연료와 연관성이 없으며 모든 차량에서 발생하고 있음을 알 수 있습니다.

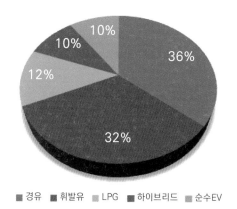

■ 경유　■ 휘발유　■ LPG　■ 하이브리드　■ 순수EV

▲ 사용연료별 급발진 발생현황

1차출처: 더불어민주당 홍기원 의원실, 한국교통안전공단
2차출처: https://www.newsis.com/view/?id=NISX20220930_0002033270
※ 「6년간 신고된 급발진 사고 201건⋯결함 인정 사례는 '0건')」, NEWSIS, 2022, 2023.01.22

3. 급발진 현상 연관성과 공통점

非 연관성	연관성	공통 현상
• 운전 경력	• 전자제어엔진	• 급격한 Rpm 상승
• 특정 자동차 회사	• 자동변속기	• 급가속 상태 유지
• 사용연료	• 승용 자동차	• 제동 기능 상실
• 장소·탑승인원	• 운전 중	• 통제 기능 상실
• 성별·나이	• 변속기 포지션	┌ 액셀이 리턴 안됨
• 발생 시간대	[PRND321]	├ 제동 기능 불량
• 기온·기후·계절		└ 단, 조향 기능은 정상

급발진 공통사항

4. 급발진 상황에서의 운전자 대처 형태

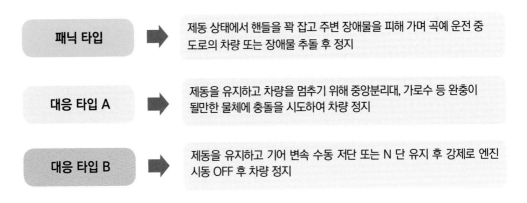

패닉 타입	➡	제동 상태에서 핸들을 꽉 잡고 주변 장애물을 피해 가며 곡예 운전 중 도로의 차량 또는 장애물 추돌 후 정지
대응 타입 A	➡	제동을 유지하고 차량을 멈추기 위해 중앙분리대, 가로수 등 완충이 될만한 물체에 충돌을 시도하여 차량 정지
대응 타입 B	➡	제동을 유지하고 기어 변속 수동 저단 또는 N 단 유지 후 강제로 엔진 시동 OFF 후 차량 정지

　　도로에서 발생된 급발진 추정 사고 영상들을 보면 운전자는 거의 패닉 상태에서 질주하는 차량을 멈추기 위해 안간힘을 다합니다. 하지만, 차량은 쉽게 멈추지 않

고 일부 극단적인 차량들은 엄청난 속도로 차량 또는 장애물과 충돌하여 돌이킬 수 없는 인명사고를 만들어 냅니다.

물론 일부 운전자는 변속레버 조작 엔진시동 OFF 등을 시도하지만 전혀 반응을 하지 않아 충격을 흡수할 수 있는 장애물에 차량을 들이받고 멈추는 사례도 있습니다.

5. 급발진 대처 방법

필자는 이 장을 쓰기 위해 국/내외 다양한 급발진 사례들을 비교 분석하면서 느낀 점은, 현재 대부분의 급발진 현상은 원인이 밝혀지지 않았고 문제가 된 차량과 동일한 차량들이 아직도 도로에 수없이 굴러 다니고 있다는 현실입니다.

그러므로 앞으로 이 문제는 완전 자율주행 자동차가 나오기 전까지 영원한 숙제 아니면 자율주행차 급발진 또는 자율주행차량 해킹이란 새로운 문제가 생길지도 모르겠습니다.

여하튼 이 장에서는 현재 도로에서 굴러다니는 급발진이 발생하고 있는 대표적인 차량들의 동력전달 계통을 정리하고 자신의 차량에 기술적으로 가장 설득력 있는 급발진 통제 방법에 대해 정리하는 시간을 가지도록 하겠습니다.

또한 자동차가 기계장치 컨트롤에서 전자제어 또는 전기자동차 단계로 넘어가면서 동력의 통제가 더욱 복잡해지고 운전자가 통제할 수 있는 영역 또한 축소되었습니다. 이는 기술의 발전으로 반 자율 자동차가 도로를 주행하고 있는 현실에서 당연한 결과라 할 수 있습니다.

즉, 과거 기계장치 컨트롤에서는 운전에 관련된 모든 지배권을 운전자가 가지고 있었지만 이제는 운전자와 CPU가 공유하게 되었으며, 어떤 조건에서는 운전자 의지보다 CPU가 우선하여 차량을 제어하는 시대가 되었기 때문입니다.

그러므로 급발진 문제는 어느 특정 차량 또는 사람의 문제가 아니므로 운전을 하는 운전자라면 CPR(심폐 소생술) 교육과 훈련처럼 일상에서 일어날 수 있는 응급 처치 대응 훈련과 같이 배우고 습득해야 할 것으로 생각됩니다.

그럼 급발진이란 대응 훈련에 앞서 차량에서 급발진 관련 시스템에 대한 특성을 이해하고 상황 발생시 특성에 맞는 신속한 대응법을 적용하여 손실을 최소화하는 것이 필요합니다.

구분		1세대	2세대	3세대	4세대
ENGINE	ON/OFF 방식	접촉식 KEY	비접촉(스마트 KEY)	2세대+어플	←
	가/감속방식	액셀페달+케이블 연동제어	Wire(전기신호제어)	2세대+MCU(모터 제어유닛)	
	형태	내연기관	←	내연기관+모터	Only 모터
BRAKE	풋브레이크	Only 운전자 답력 +진공 Booster+ABS	1세대 제품+ ESC (차체 자세제어장치)	IDB(통합전자제동 장치)	←
	파킹브레이크	Only 운전자 조작 케이블방식	EPB(모터제어+ESC 협조제어)	←	←
STEERING		유압식	EPS(전동조향장치) +LKAS/SPAS	←	←
자동 변속기 포지션제어 방식 [P R N D 3 2 1]		변속레버+ 케이블 연동제어	Wire(전기신호제어)	←	←
급발진 대응 난이도		★★★★(유리)	★★ (불리)	★★(불리)	★(곤란함)
		2000년 초반소형차	2010년 전/후 승용차	하이브리드카	순수전기차/수소차

☞ 위에 작성한 표는 일반 운전자들에게 자동차 제어시스템의 이해를 돕기 위해 대표적인 시스템들을 편의상 1세대~4세대로 분리하여 필자가 작성한 내용이므로 기술적 견해가 다름을 이해해 주시기 바랍니다.

▲ 자동차 세대별 통제시스템 오작동에 따른 급발진 대응 난이도

6. 세대 시스템별 중요장치 제어 권한의 이해와 급발진 가능성

1세대

SYSTEM	운전자 조작기구	전달 매체	제어기구&장치	제어 결과
1. 엔진	기계식 액셀 페달	[기계식케이블]	기계식 스로틀밸브 →	엔진출력제어
2. 브레이크제어	브레이크페달	[링크/유압/ABS 모듈]	유압식 캘리퍼& 드럼 브레이크 →	제동력 발생
3. 주차브레이크	기계식 파킹 레버	[기계식케이블]	파킹 캘리퍼&드럼 →	파킹 제동력 발생
4. 자동변속기	기계식 변속 레버	[기계식케이블]	변속포지션 선택 레버 작동 →	P,R,ND321 선택
5. STEERING	핸 들	[링크/유압]	파워실린더 피니언 밸브 작동 →	좌/우 조향

▶ 1세대 제어 시스템의 특징은 운전자 제어 명령이 Mechanical 매체를 통해 기계식 작동기구들의 움직임을 제어하는 방식으로 운전자 외 제어기구를 조작할 수 있는 시스템은 존재하지 않습니다. 단, 여기서 운전자의 의지와 관계없이 급발진이 발생하고 제동 능력이 상실할 수 있는 시나리오는 다음과 같습니다.

① 급발진 가능성 시나리오: 운전자가 액셀을 Full 로 밟고 주행 중 액셀 페달에서 발을 제거했는데 전달 매체 또는 기계식 스로틀이 어떤 이유로 고착된 경우입니다. 실제 과거 낡은 차들은 이런 현상이 간혹 있었습니다.

② 브레이크 제동력상실 시나리오: 브레이크 제어관련 유압 및 링크기구, 패드, 드럼 상태에 문제가 있는 차량은 상기 1번 시나리오 조건에서 정상적인 제동력 발생에 문제가 발생할 수 있지만 그렇지 않다면 제동력 상실로 이어지지는 않습니다. 단, 스로틀이 풀개방 상태이므로 1번 조건에서 브레이크 작동을 반복한다면 진공부스터 배력 압력이 낮아져 제동력 부족에 원인이 생길 수 있습니다.

7. 엔진 급발진 가능성 조건1

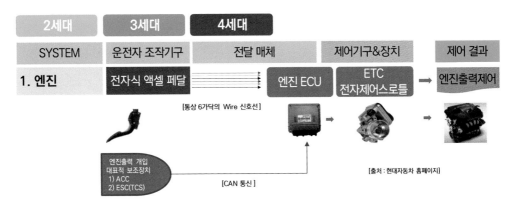

전자식 액셀 페달을 적용하는 최근의 전자 엔진은 운전자의 액셀 페달 밟는 양을 전기신호로 엔진 ECU에 전달하고 엔진 ECU는 이 신호를 기반으로 모터로 제어되는 스로틀 밸브를 구동하여 엔진에 흡입되는 공기량을 결정하고 흡입되는 공기량에 비례한 연료를 실린더에 분사하여 엔진 출력을 결정합니다.

그러므로 모든 엔진 출력은 스로틀이 개방되지 않으면 절대로 엔진 출력이 높아지지 않습니다.

즉, 스로틀이 닫친상태(엔진공기유입 없음)에서 엔진 ECU가 잘못되어 연료 분사량을 최대로 분사한다고 가정했을 때 엔진은 부조하거나 시동이 꺼집니다. 이유는 연소 조건이 너무 농후해서 정상적인 점화 폭발이 되지 않습니다.

반대로 스로틀이 풀로 개방된 상태(엔진 공기량 많음)지만, 연료 분사량이 적으면 이 역시 엔진은 공연비가 너무 희박하여 엔진이 부조하거나 꺼질 수 있습니다.

급발진 조건 = 엔진스로틀이 풀로 개방 또는 어떤 이유로 엔진 내부로 충분한

공기유입 + 연료 분사량 최대분사

8. 엔진 급발진 가능성 조건2

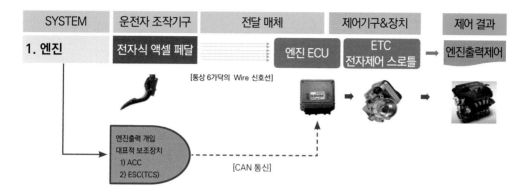

ETC(전자제어 스로틀)는 운전자가 액셀 페달을 조작하지 않아도 제한된 영역에서 차량 설치된 ACC, ESC의 명령을 받아 엔진출력을 조건에 따라 제어합니다.

그러므로 이러한 시스템들이 예상치 못한 오작동을 한다면 운전자가 액셀 페달을 밟지 않아도 차는 일정 영역 가속이 가능합니다. 특히 반자율 자동차 영역으로 갈수록 운전자 제어와 별도로 차량을 가속(액셀)/감속(제동)/차선유지(조향)등이 자동으로 이루어집니다.

물론 시스템이 정상적으로 작동할 경우 운전자 의지가 우선합니다.

이들의 제어 명령은 CAN 통신에 의해 이루어지므로 단순히 통신선이 쇼트 단락 단선 또는 통신노이즈 전자파 오류 등이 발생해도 이는 체계화된 통신명령 신호체계를 만들지 못하므로 엔진 ECU는 반응하지 않습니다.

단, 어떠한 이유로 엔진 ECU에 엔진 출력 최대 가속유지 통신명령이 하달되거나 이를 수행하는 전자회로 내부 소자의 결함 등이 발생한다면 예상치 않은 급가속 현상이 발생 할 수 있습니다.

9. 엔진 급발진에 대한 정리

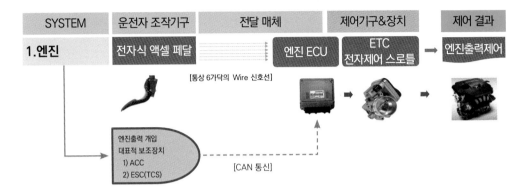

| SYSTEM | 운전자 조작기구 | 전달 매체 | 제어기구&장치 | 제어 결과 |

급발진의 1순의 범인 엔진 출력제어 관련하여 순수 Engineer 관점에서 Mechanical 액셀 시스템과 전자제어 액셀 시스템의 개연성에 대해 정리해 보았습니다. 전자제어 또는 기계방식 모두 급발진에 대한 개연성은 가지고 있습니다.

그리고 편의장치 증대로 엔진 가속관련 제어 시스템이 복잡해지고 제어 인자도 늘어났음을 확인하였습니다.

그러므로 운전자는 차량운전시, 좀 더 신중해야 하고 예상치 못한 상황에 당황하지 않고 대응할 수 있는 대처 능력을 교육 및 훈련을 통해 운전면허 취득 과정부터 교육에 포함해야 되지 않을까 생각합니다.

※ 제어 시스템 용어 설명

- EPB: Electronic Parking Brake
- EPS: Electric Power Steering
- ESC: Electronic Stability Control
- VDC: Vehicle Dynamic Control
- LKAS: Lane Keeping System
- SPAS: Smart Parking Assist System
- MCU: Motor Controller Unit
- ETC: Electronic Throttle Control
- TCS: Traction Control System / ACC : Adaptive Cruise Control

10. 전자식변속레버 Control

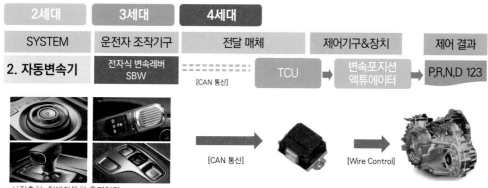

2세대	3세대	4세대		
SYSTEM	운전자 조작기구	전달 매체	제어기구&장치	제어 결과
2. 자동변속기	전자식 변속레버 SBW	[CAN 통신]	TCU	변속포지션 액튜에이터	P,R,N,D 123

[CAN 통신]   [Wire Control]

사진출처: 현대자동차 홈페이지

요즘 자동변속기 레버 제어 방식은 CBS 방식에서 편리성과 다양한 디자인 및 설치 위치 등이 자유로운 SBW 방식이 많이 사용되고 있습니다.

CBS방식은 운전석에서 운전자가 레버 조작 → 케이블 기구 → TM 기계식 메커니즘 작동을 통해 변속위치를 제어합니다. 하지만 이제는 버튼식, 다이얼식, 레버식 등 다양한 형태의 전기 스위치를 통해 명령을 제어기에 전송하면 제어기는 TM에 장착된 전기식 액튜에이터를 제어하여 변속 포지션을 제어하는 방식입니다.

즉 물리적 제어 방식(CBS)에서 통신 제어방식(SBW)으로 시스템이 전환되고 있습니다. 즉 물리적인 힘에 의해 제어되던 방식이 논리적인 전기회로와 통신으로 조정되고 있습니다.

※ 약어 풀이
· SBW : Shift By Wire
· SBC : Shift By Cable/CBS: Cable By Shift
· CAN: Controller Area Network
· TCU : Transmission Control Unit
· TM : Transmission

11. M/B 브레이크제어

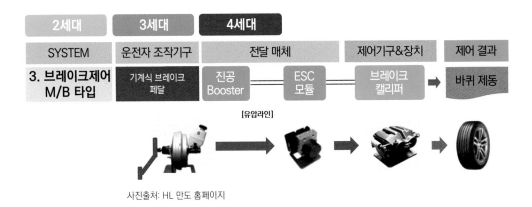

사진출처: HL 만도 홈페이지

통상 Master Booster 타입 제동장치는 운전자의 페달 답력+M/B 배력 압력을 거쳐 ESC 모듈 회로를 통해 각 바퀴 캘리퍼에 제동압력을 전달합니다.

그러므로 이 방식에서는 운전자가 요구하는 페달 답력이 배력되어 전달되므로 특이점이 없다면 운전자의 제동 의지를 방해하지 않습니다. 단, ESC가 판단하여 개입 조건이 되면 [ABS, TCS, ESC, AEB, ACC, EPB] 캘리퍼로 전달되는 제동 압력을 감소, 유지, 가압, 승압 하는 기능을 수행합니다. 이 제어들은 타이어의 마찰력을 최대화시키는 작용으로 차량 자세를 유지하고 제동을 돕는 작용을 합니다. 그러므로 일반적인 Dry 노면에서 오작동으로 브레이크 페달이 딱딱해지고 제동이 되지 않는 조건과는 다소 차이가 있습니다.

참고로 통상적인 가솔린 차량에서는 스로틀 밸브가 풀로 개방되면 진공부압이 낮아지고 이 상태에서 반복 제동을 실시하면 배력 압력이 낮아져 캘리퍼에 제동 압력이 낮아지고 그로 인한 제동밀림 현상이 발생할 수 있습니다.

그러므로 급가속이 의심되는 상황에서 급제동시 더블 브레이크 사용을 자제하는 것이 유리합니다.

12. IDB 브레이크제어

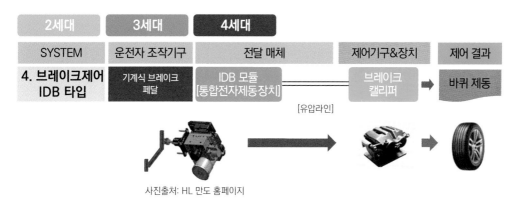

2세대	3세대	4세대		
SYSTEM	운전자 조작기구	전달 매체	제어기구&장치	제어 결과
4. 브레이크제어 IDB 타입	기계식 브레이크 페달	IDB 모듈 [통합전자제동장치]	브레이크 캘리퍼	바퀴 제동

[유압라인]

사진출처: HL 만도 홈페이지

IDB(Integrated Dynamic Brake) 통합전자 제동장치는 하나의 모듈에 유압배력, 회생제동, 페달시뮬레이터, ESC와 협조 제어기능 AEB, ACC, Dynamic EPB를 통합한 지능화된 브레이크 시스템으로 주로 회생 제동이 필요한 하이브리드 자동 차 및 전기 자동차에 필수 브레이크 시스템입니다.

그럼 회생 제동이 무엇이고 왜 IDB 시스템이 필요할까요?

회생 제동은 차량 감속에너지를 모터 부하로 흡수하여 전기로 변환시켜 저장하며 차량 감속을 위해 운전자가 브레이크를 밟으면 회생 제동 조건을 판단하고 회생 제동이 결정되면 운전자의 브레이크 압력은 캘리퍼로 전달되지 못하고 홀딩되고 대신 모터에 부하를 걸어 감속을 유도합니다.

즉, 이 과정을 통해 감속도 하고 전기도 생산하는 두 가지 이득을 취합니다. 그러다가 운전자가 요구하는 감가속량이 커지면 그때 비로서 홀딩하고 있던 유압을 캘리퍼로 보내 바퀴를 제동하게 됩니다.

그러므로 이 시스템은 운전자의 제동의지를 중간에 방해할 수 있는 구조를 가지고 있으며 그로 인해 시스템 오작동시 제동에 문제가 발생할 수 있습니다. 단, 이장치는 유압모터가 축압한 유압을 배력으로 사용하므로 엔진의 최대 스로틀 개도와 관계없이 언제나 강력한 제동력을 발생하고 더블 브레이크 사용에 영향을 받지 않습니다.

13. EPB 브레이크제어

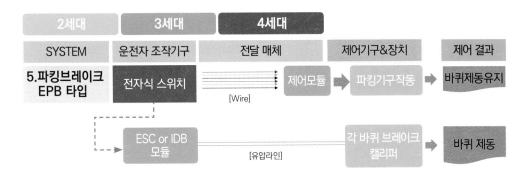

일반 주차브레이크는 파킹 케이블을 운전자가 당겨 그 힘으로 파킹드럼 또는 디스크 브레이크에 물리적인 힘을 지속적으로 유지하여 바퀴에 제동을 유지하는 타입 입니다. 그러므로 사용빈도수가 많거나 장기산 주차를 위해 케이블을 당겨 놓는경우 케이블 늘어짐 등이 발생하므로 사용에 주의가 필요하며 그래서 자동차 검사장에서는 검사받는 모든 차량에 대해 주차브레이크 제동력을 측정하고 축중에 20% 이하인 경우 부적합 판정을 받습니다.

그래서 간혹 주차브레이크가 약하게 채워지거나 또는 풀려서 안전사고가 발생하는 일이 종종 발생합니다.

물론 EPB도 방식에 따라(케이블 또는 캘리퍼기구 작동방식) 차이는 있지만 기구부에서 항상 일정한 힘이 유지되도록 작동하므로 운전자가 당기는 성향에 따라 파킹제동력이 변화는 일은 발생하지 않습니다.

EPB 브레이크는 부가적인 기능도 많지만 대표적인 2가지 기능은 다음과 같습니다.

▶ 정차 기능(Static Braking): 정차 기능을 유지하기 위해서 파킹기구를 일정 위치에 고정시켜 바퀴에 제동상태를 해제 조건이 될 때까지 유지합니다.

▶ 비상 제동(Dynamic Braking): 차량이 주행중에 운전자가 EPB 스위치를 작동시키면 비상 제동으로 판단하고 ESC 또는 IDB에 협조 요청을 하여 운전자 브레이크 작동 유무와 상관없이 승압된 유압을 각 바퀴에 보내 일정 속도 이하까지 강제로 브레이크를 실시합니다.

※ EPB 비상제동 제어방법 및 성능은 제작사마다 모두 다르므로 본인 차량에 장착된 EPB 비상제동 기능에 대해 서는 관련 유튜브 자료 또는 제작사 등에 문의하시기 바랍니다.

14. 전기차 모터제어

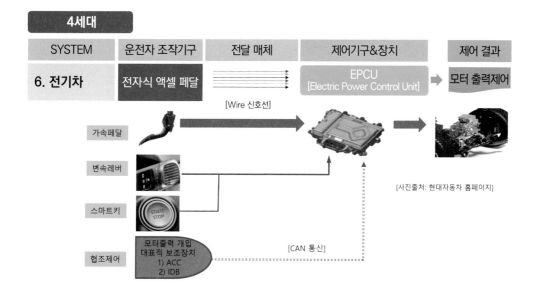

일반적으로 전기 자동차의 모든 운전자 제어수단은 Wire 통신을 통해 EPCU로 전달된다. 그리고 EPCU는 모터 출력 제어 관련하여 독자적인 제어권을 가지므로

문제가 발생하면 운전자가 운전석에서 물리적인 수단으로 대응할 수 있는 방법의 한계점에 도달한다.

단, EPS(전동식 조향장치) 와 IDB(통합전자 제동장치)는 EPCU와 별개의 제어 모듈 이 존재하므로 EPCU 문제 발생시 논리적으로 운전자가 유일하게 통제권을 유지 할 수 있는 시스템입니다.

※ EPCU 통합전력제어장치(Electric Power Control Unit)는 차량 내 전력을 제어하는 장치를 통합하여 효율성을 높여주 는 역할로 인버터(Inverter), LDC(Low voltage DC-DC Converter), VCU(Vehicle Control Unit)로 구성되어 있습 니다.

15. 세대별 예상되는 급발진 대응 시나리오

아래 정리된 세대별 급발진 대응 시나리오는 Engineer 관점에서 논리적인 판단 에 근거하여 작성한 내용입니다. 그러므로 다양한 환경에서 예상치 않게 발생하는 모든 상황에서 만족할 수 있는 대응 방법은 아니므로 여기서 정리된 내용을 참고하 여 대응해 주시기바라며 최종 판단과 선택은 운전자 자신이므로 평소 자신이 운전 하는 차량의 제어 시스템에 대한 적절한 대응 방법과 요령에 관심을 가지시기 바랍 니다.

또한 각종 매체 등에 오픈된 급발진 대응 방법은 반드시 본인 차량의 시스템을 기준으로 이해를 해야 합니다. 그렇지 않고 잘못 선택된 방법과 대응은 오히려 혼 란을 가중시켜 운전자를 패닉 상태로 빠지게 합니다.

평소 자신의 차량에 맞는 올바른 급발진 대응방법의 관심과 연습은 예상치 않은 상황에서 손해를 최소화할 수 있는 최고의 수단입니다.

급발진 대응 시나리오의 최고 선택은 급발진이 발생한 차량 시스템에서 효과가 가장 크고 신속하게 대응할 수 있는 수단부터 순차적으로 적용함과 동시에 빠르게 상황을 판단하고 차량속도가 최대한 가속되기 전에 마지막 카드(안전 장애물 충돌)를 선택하여 보행자 보호 및 운전자와 동승인원의 부상을 최소화해야 합니다.

15-1 1세대 차량 급발진 대응 시나리오 A 타입

일반 운전자들의 이해를 돕기 위해 1세대 차량 시스템 옵션을 아래와 같이 정의 하였습니다. 1세대 차량 급발진 대응 방법은 모든 세대 차량에 기본이며, 이 부분 을 충분히 이해하면 모든 차량의 급발진 상황에 대응할 수 있습니다.

그래서 이 장에서는 급발진 대응 관련하여 A타입과 B타입에 대해 설명하겠습니

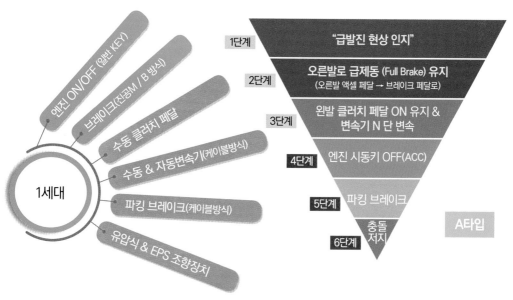

다. 실전에서의 최종 방법 선택은 운전자 몫입니다. 내용을 잘 숙지하고 안전한 장소에서 모의 연습을 통해 정리하기 바랍니다.

　운전자는 급발진 상황이 전개될 때 1단계 → 6단계까지 신속히 대응을 합니다. 필자 생각에 1세대 차량은 통상 3단계까지 실행하면 대부분 상황이 종료 됩니다. 하지만 그렇지 않을 경우 주변상황이 허락한다면 3단계에서 바로 6단계로 넘어가는 것이 더 현명할 수 있습니다. '**차량이 더 진행할 경우 엄청난 사고가 발생한다고 판단 될 때**'

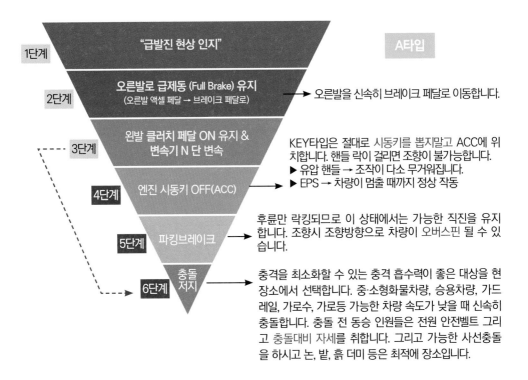

15-2 1세대 차량 급발진 대응 시나리오 B 타입

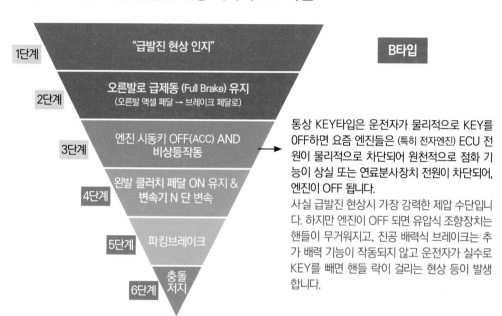

1단계 — "급발진 현상 인지"

B타입

2단계 — 오른발로 급제동 (Full Brake) 유지
(오른발 액셀 페달 → 브레이크 페달로)

3단계 — 엔진 시동키 OFF(ACC) AND 비상등작동

통상 KEY타입은 운전자가 물리적으로 KEY를 OFF하면 요즘 엔진들은 (특히 전자엔진) ECU 전원이 물리적으로 차단되어 원천적으로 점화 기능이 상실 또는 연료분사장치 전원이 차단되어, 엔진이 OFF 됩니다.
사실 급발진 현상시 가장 강력한 제압 수단입니다. 하지만 엔진이 OFF 되면 유압식 조향장치는 핸들이 무거워지고, 진공 배력식 브레이크는 추가 배력 기능이 작동되지 않고 운전자가 실수로 KEY를 빼면 핸들 락이 걸리는 현상 등이 발생합니다.

4단계 — 왼발 클러치 페달 ON 유지 & 변속기 N 단 변속

5단계 — 파킹브레이크

6단계 — 충돌저지

15-3 대응 단계별 성공제압 여부 확인하기 [필살기]

급발진 현상 제압은 발란군 두목 엔진과+두목을 보좌하는 참모 세력들을 상황에 맞게 신속히 제압하는가에 승패가 달려 있으며, 두목의 손발이 되는 변속기, 엔진 KEY 스위치, 브레이크 등이 단계별 대응 조치에 굴복하였는지 확인하고 도저히 말을 듣지 않으면 최후 수단 이판사판 '너죽고 나살자' 충돌 요법을 적용합니다.

그래서 이 장에서는 운전자가 패닉 상태에서 내가 대응한 행동들이 약발이 먹히고 있는지 단계별로 확인하는 방법에 대해 정리해 보겠습니다.

1단계
"급발진 현상 인지"

아주 중요한 부분이다. 핵심 Key 포인트
▶ 액셀을 유지 또는 밟지 않았는데 엔진 Rpm이 갑자기 상승한다.
▶ 상기 조건에서 엔진소음이 갑자기 증가 한다.
▶ 상기 조건에서 차속이 증가한다.

2단계
오른발로 급제동 (Full Brake) 유지
(오른발 액셀 페달 → 브레이크페달로)

2단계 실행시 정상반응(Full 제동)
▶ 차량이 멈칫거린다. [자동변속기 차량]
▶ 엔진 RPM 이 특정구간에서 유지하고 엔진소음이 커진다. [자동변속기 차량]
▶ 시동이 꺼진다 → 계기판에 각종 경고등 점등 [수동변속기 차량]

3단계
왼발 클러치 페달 ON 유지 & 변속기 N 단 변속

3단계 실행시 정상반응
▶ 엔진RPM이 급격히 상승한다.
▶ 엔진소리가 갑자기 커지고 가벼워진다.
▶ 차속게이지 바늘이 서서히 떨어진다.(평지)

4단계
엔진 시동키 OFF
(ACC 위치)

▶ 순간 변속 충격이 느껴지고 계기판에 각종 경고등 점등 또는 어두운 화면으로 바뀐다.
▶ 계기판에 바늘(엔진 RPM/차속) 좌측 아래쪽에 위치한다.

5단계
파킹브레이크 [수동 케이블 방식]

▶ 당기는 정도 및 파킹 능력에 따라 당기는 순간 뒷쪽이 주저 앉는 느낌이 나고 뒷타이어가 끌려가는 느낌이 발생한다. [케이블 타입 수동 주차 브레이크 방식]

6단계
충돌 저지

최악의 경우 충돌을 해야 한다면, 근처에서 신속히 충돌 대상을 탐색하고 결정한다.
▶ 차량: 중·소형차량의 후면을 수평으로 충돌을 하거나, 내차와 가장 가까이 있는 주차된 차량 트렁크 또는 엔진룸 쪽을 충돌한다.
▶ 기타 장애물: 가드레일, 중앙분리대, 가로수, 언덕, 경사가 완만한 논, 밭 등
▶ 충돌직전: 전승객 안전벨트착용/항공기 추락 방호자세 유지

15-4 예상 상황 시나리오에 따른 A타입/ B 타입/ A&B 혼합 적용하기

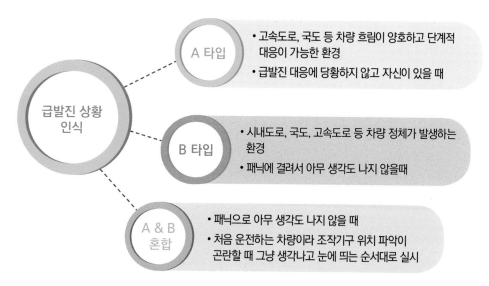

급발진 상황 인식

A 타입
- 고속도로, 국도 등 차량 흐름이 양호하고 단계적 대응이 가능한 환경
- 급발진 대응에 당황하지 않고 자신이 있을 때

B 타입
- 시내도로, 국도, 고속도로 등 차량 정체가 발생하는 환경
- 패닉에 걸려서 아무 생각도 나지 않을때

A & B 혼합
- 패닉으로 아무 생각도 나지 않을 때
- 처음 운전하는 차량이라 조작기구 위치 파악이 곤란할 때 그냥 생각나고 눈에 띄는 순서대로 실시

☞ 위에 타입별 대응 방법은 필자의 생각을 정리한 것이므로 참고하시기 바라며 실전에서 최종 판단은 당시 상황에 따른 운전자의 몫입니다.

15-5 2~3 세대별 예상되는 급발진 대응 시나리오

이 장에서는 2~3세대 시스템들이 장착된 차량에서의 급발진 대응 시나리오에 대해서 정리해 보겠습니다.

2~3세대 시스템의 가장 큰 특징은 운전자 제어 시스템들이 Wire를 통한 원격제어 시스템들이 장착되어 있어 운전자의 물리적 행동이 잘 통하지 않을 수 있는 환경을 가지고 있습니다. 그래서 이 장은 이런 환경에서 가장 보편적이고 타당성 있는 대응방법에 대해 정리해 보겠습니다.

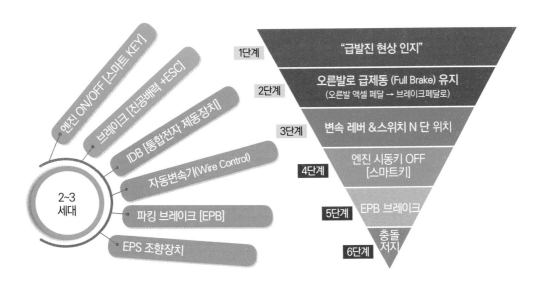

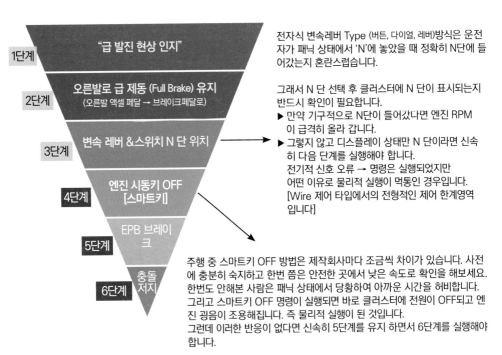

전자식 변속레버 Type (버튼, 다이얼, 레버)방식은 운전자가 패닉 상태에서 'N'에 놓았을 때 정확히 N단에 들어갔는지 혼란스럽습니다.

그래서 N 단 선택 후 클러스터에 N 단이 표시되는지 반드시 확인이 필요합니다.
▶ 만약 기구적으로 N단이 들어갔다면 엔진 RPM이 급격히 올라 갑니다.
▶ 그렇지 않고 디스플레이 상태만 N 단이라면 신속히 다음 단계를 실행해야 합니다.
 전기적 신호 오류 → 명령은 실행되었지만 어떤 이유로 물리적 실행이 먹통인 경우입니다.
 [Wire 제어 타입에서의 전형적인 제어 한계영역입니다]

주행 중 스마트키 OFF 방법은 제작회사마다 조금씩 차이가 있습니다. 사전에 충분히 숙지하고 한번 쯤은 안전한 곳에서 낮은 속도로 확인을 해보세요. 한번도 안해본 사람은 패닉 상태에서 당황하여 아까운 시간을 허비합니다. 그리고 스마트키 OFF 명령이 실행되면 바로 클러스터에 전원이 OFF되고 엔진 꿀음이 조용해집니다. 즉 물리적 실행이 된 것입니다.
그런데 이러한 반응이 없다면 신속히 5단계를 유지 하면서 6단계를 실행해야 합니다.

※ 제네시스 G70 스마트키 주행중 OFF 하는법: 시동 버튼을 2초 이상 길게 누르고 있거나, 3초 이내 버튼 푸시를 3회 이상 작동 시 자동으로 시동이 OFF 됩니다. (스마트키를 적용한 차량에서 주행 중 엔진시동을 끄기위해 이렇게 까지 복잡하게 만든 이유는 운전자 의도와 관계없이 주행중 시동이 꺼지는 것을 예방하기위한 안전 기능입니다.)

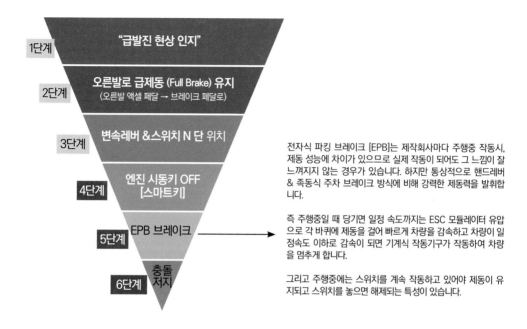

전자식 파킹 브레이크 [EPB]는 제작회사마다 주행중 작동시, 제동 성능에 차이가 있으므로 실제 작동이 되어도 그 느낌이 잘 느껴지지 않는 경우가 있습니다. 하지만 통상적으로 핸드레버 & 족동식 주차 브레이크 방식에 비해 강력한 제동력을 발휘합니다.

즉 주행중일 때 당기면 일정 속도까지는 ESC 모듈레이터 유압으로 각 바퀴에 제동을 걸어 빠르게 차량을 감속하고 차량이 일정속도 이하로 감속이 되면 기계식 작동기구가 작동하여 차량을 멈추게 합니다.

그리고 주행중에는 스위치를 계속 작동하고 있어야 제동이 유지되고 스위치를 놓으면 해제되는 특성이 있습니다.

15-6 4세대별 예상되는 급발진 대응 시나리오

이 장에서는 4세대 시스템들이 장착된 차량에서의 급발진 대응 시나리오에 대해 정리해 보겠습니다.

4세대 시스템의 가장 큰 특징은 엔진이 아닌 전동모터가 급가속이 되었을 때 가장 효율적으로 대응할 수 있는 방법에 대해 확인해 보겠습니다. 전기차는 통상적으로 모터 구동관련 모든 통제가 EPCU에 의해서 제어되므로 급발진이 발생한다면 EPCU 자체 통제기능이 마비될 수 있습니다. [시동OFF/변속레버 N모드]

그러므로 운전자가 대응할 수 있는 선택지가 별로 없으며 그로 인해 쉽게 패닉에 빠질 수 있으므로 좀더 신속한 판단과 대응이 필요합니다. 또한 충돌 저지 후 발생할 수 있는 배터리 열폭주 현상은 또다른 위험 요소입니다.

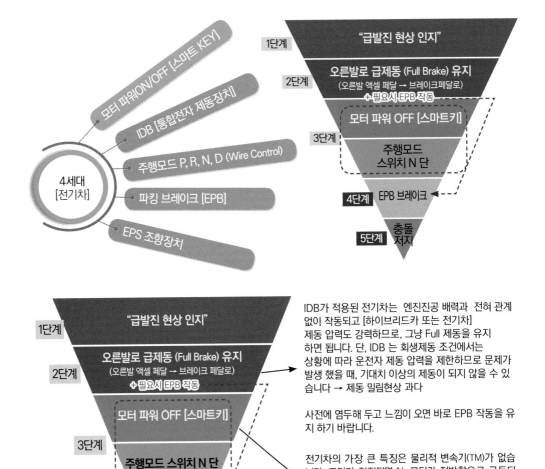

1단계 "급발진 현상 인지"

2단계 오른발로 급제동 (Full Brake) 유지
(오른발 액셀 페달 → 브레이크페달로)
➕필요시 EPB 작동

3단계 모터 파워 OFF [스마트키]
주행모드 스위치 N 단

4단계 EPB 브레이크

5단계 충돌 저지

4세대 [전기차]
- 모터 파워ON/OFF [스마트 KEY]
- IDB [통합전자 제동장치]
- 주행모드 P, R, N, D (Wire Control)
- 파킹 브레이크 [EPB]
- EPS 조향장치

IDB가 적용된 전기차는 엔진진공 배력과 전혀 관계 없이 작동되고 [하이브리드카 또는 전기차] 제동 압력도 강력하므로, 그냥 Full 제동을 유지 하면 됩니다. 단, IDB 는 회생제동 조건에서는 상황에 따라 운전자 제동 압력을 제한하므로 문제가 발생 했을 때, 기대치 이상의 제동이 되지 않을 수 있 습니다 → 제동 밀림현상 과다

사전에 염두해 두고 느낌이 오면 바로 EPB 작동을 유지 하기 바랍니다.

전기차의 가장 큰 특징은 물리적 변속기(TM)가 없습 니다. 모터가 정지되면 N, 모터가 정방향으로 구동되 면 D, 모터가 역방향으로 돌아가면 R이므로 이를 통재하는 것이 EPCU 통합 모듈입니다. 그러므로 운전 자가 할 수 있는 물리적 방법의 최선책은 신속히 모터 파워를 OFF 하는 방법밖에 없습니다.

전기차에 적용된 EPB는 주행중 IDB에 축압된 압력 을 이용하므로 강력한 제동력을 발생합니다. 그러므로 EPB 브레이크가 정상적으로 작동이 된다 면 상당한 제동 효과를 얻을 수 있습니다.

※ 전기차에서 모터제어 회로(EPCU)에 오작동으로 급발진이 발생하면 통제조건(엔진 Key 스위치, 드라이빙 N 단)이 무력 화될 수 있으며, 운전자가 유일하게 선택할 수 있는 수단은 브레이크 제어와 조향뿐입니다. 그런데 브레이크마저 제동이 불량하면 마지막 선택지는 조향 핸들밖에 없으므로 → 차량을 신속히 충돌 장애물로 유도하여 안전한 충돌을 해야합니 다.

16. 기계식 엔진 자동차와 순수 모터구동 전기차의 급발진 관련 메인 요소들의 구성 및 특징

이 장에서는 엔진구동 자동차와 순수EV 차량의 급발진 메인요소(엔진및 TM)의 특징을 이해하고 그에 따른 대응방법을 생각해 보는 시간을 가져 보겠습니다.

엔진 자동차

엔진은 급발진이 수반되기 위해서는 충분한 공기와 그에 알맞은 연료가 공급되어야 합니다. 이 중 한 가지 조건만으로는 급발진이 되지 않습니다.

그래서 이 두 가지를 한 번에 만족하는 장치가 엔진 스로틀 밸브입니다. 이 밸브는 액셀 페달에 연동되어 움직이고 변동된 양에 알맞은 공기와 연료를 엔진에 분사합니다. 그래서 통상적으로 급발진이 발생되었다고 하면 액셀 페달을 의심합니다. 그런데 Wire 제어 방식은 상황에 따라 운전자가 액셀을 밟지 않아도 다른 시스템의 명령에 의해서 작동할 수 있는 구조를 가지고 있습니다.

그리고 물리적으로 분리된 동력 전달장치 T/M을 통해서 바퀴에 동력을 전달하고 운전자는 변속 포지션을 선택하여 동력을 차단(N단), 연결(D단) 선택이 가능합니다. 그래서 엔진이 아무리 고속 회전해도 변속 포지션을 N단에 위치하면 바퀴에 동력이 전달되지 않아 급발진 제어가 가능합니다.

순수 전기 자동차

순수 전기차의 급발진 조건은 아주 단순합니다. 조건은 단 하나, 어떠한 이유로 모터에 충분한 전류가 공급되면 바로 급발진이 발생합니다. 그리고 물리적인 변속기가 없으므로 모터 동력이 감속기를 통해 바퀴로 바로 전달되어 운전자가 물리적으로 동력을 차단할 수 있는 수단은 시동키를 강제로 OFF하는게 유일한 수단입니다. 하지만 시동키 OFF가 되지 않는다면 바로 안전하게 충돌할 곳으로 이동하여 충돌로 급발진 현상을 저지해야 합니다.

16-1 순수 전기차의 급발진 특성

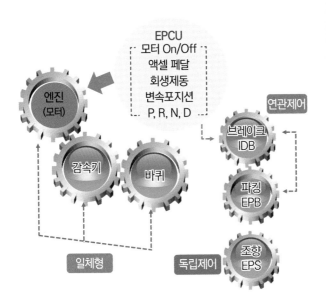

전기차 급발진 특성

1. 급발진 시 가솔린 엔진에서 발생하는 엔진 굉음이 없고 상대적으로 조용하다.
   → 급발진 인지시간 불리
2. 동급차종 가솔린 엔진 대비 제로백 성능이 우수하다.
   → 상대적 대응시간 불리
3. 동력전달이 일체형으로 이루어져 물리적으로 동력을 분리할 수 없다.
   → 물리적 대응수단 열세
4. 물리적속도(아이오닉5 제로100=6.1초)이므로 최종 충돌 저지는 급발진 인지 후 3~4초 내 장애물 충돌 후 저지하는 것이 사고 충격을 최소화할 것으로 판단된다.

※ 대표적인 전기차 제로백
   - 테스라 모델3 퍼포먼스: 3.3초
   - 기아 FV6 GT: 3.7초
   - 제네시스G80: 4.9 초
   - 코나EV: 7.5초

※ 제로백(0km/h to 100km/h)은 사물의 정지상태에서 시속 100km까지 가속하는데 걸리는 시간을 의미합니다.

16-2 자동차 0→100km/h 특성과 급발진 대응난이도
[추정치를 통한 단순 비교]

아래 자료는 오너운전자의 자동차 제로백 성능과 급발진 대응 난이도를 이해시키기 위해 저자가 만든 자료입니다.

즉, 급발진 현상이 자동차의 Full 스로틀 급가속시험(제로백) 특성과 유사하다고 가정했을 때의 내용입니다.

즉, 차량 가속 성능이 우수한 차량은 상대적으로 운전자가 급발진을 대응할 수 있는 시간이 상당히 부족하고 그에 따른 충돌 속도가 높아 사고 충격이 클 것으로 판단되므로 차량 특성에 맞게 사전에 충분한 급발진 대응 시나리오를 가지고 있어야 합니다.

참고로 제로백 성능이 우수하다고 해서 상대적으로 정면 충돌 점수가 높은 것과는 연관성이 없음으로 안전운전에 좀더 많은 신경을 써야 합니다.

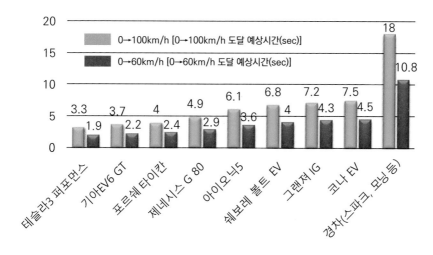

☞ 상기 자료는 운전자의 이해를 돕기 위해 웹상에 공개된 자료를 기준으로 저자가 가공한 내용이며 자동차 제작사 의견과 별개의 내용입니다.

급발진 대응시간

1. 차량 가속성능 기울기가 모두 동일하다는 가정하에 0→100km/h 성능값을 기준으로 최소 충돌 안전속도 60km/h 도달시간을 단순한 비율로 계산한 결과입니다.

그것도 급발진이 0km/h에서 발생 했다는 가정하에 작성된 위의 그래프 결과는 실제 급발진 상황에서 운전자가 안전 충돌 속도전에 차량을 충돌로 저지 시키기 위해서는 사전에 충분한 훈련과 대응 시나리오가 있어야 가능함을 보여줍니다.

17. 순수EV 차량 급발진 대응 시나리오.

앞서 EV 차량 급발진 관련 특성에 대해 정리를 해보았습니다. 엔진 차량과 동일하게 급발진 상황이 발생한다면 상대적으로 EV 차량이 급발진 대응에 관련하여 불리하다는 내용을 확인하였습니다. 물론 엔진 차량도 차량에 장착된 시스템에 따라 대응 난이도에 차이가 있음을 알 수 있습니다.

하지만 전기차는 급가속 성능이 (모터/바퀴간 일체형 구조로 동력 전달 효율이 좋고 모터 출력토크 특성이 가속성능에 유리)좋아 순식간에 고속영역으로 진입하기 때문에 최소한 차속이 70km/h를 넘기 전에 최후의 수단인 충돌 저지가 이루어져야 한다고 생각합니다. 그렇지 않고 잠시 시간이 지체되면 차체 속도가 너무 높은 상태에서 충돌이 이루어지고 이렇게 되면 운전자와 탑승객의 생명을 보장할 수 없고 그 충격으로 배터리 열폭주 현상까지 발생하는 최악의 조건이 될 수 있습니다.

그래서 전기차 운전 중 급발진 현상이 발생했다면 차속이 붙기 전 초반에 상황을 종료시켜야 합니다.

다음은 순수하게 필자가 생각하는 전기차 급발진 대응 방법입니다.

참고해 두었다가 이 방법이 사용되지 않기를 바랍니다.

※ 상기 급발진 제어 방법은 필자가 생각한 극약처방 대응법으로 차량속도가 붙기 전에 운전자가 미친 차량을 통제할 수 있는 물리적으로 유일한 방법입니다. 모터가 미쳐서 날뛰고 브레이크는 먹통이고 여기서 속도가 더 붙으면 안됩니다. 최대한 공간이 있는 방향으로 핸들을 최대로 꺾고 유지하면 망아지는 일정한 괴적을 그리면서 타이어 굉음과 함께 회전하고

심지어 주변 장애물과 충돌 후 차체가 전복 될수도 있습니다. 통상 이정도 속도에서 차량이 선회를 한다면 얼마 못가서 구조적으로 차동장치가 파손되고 그러면 더 이상 차량은 가속되지 못하고 멈추게 됩니다. 날뛰는 망아지 고삐끈을 신속하게 근처 기둥에 묶는 원리와 같습니다.

18. 왜 극단적인 저지방법 충돌은 60km/h 이전에 해야 하는가?

이 장에서는 급발진의 최후 선택인 극약처방 장애물 충돌의 안전보장 충돌차속은 어떻게 될까?

여러가지 자동차 충돌시험 결과를 보면 현재 만들어진 차들은 통상 60km/h 정도의 속도로 정면 또는 측면 충돌을 했을때 차량 차체충격 흡수와 에어백 등으로부터 보호를 받아 등급별로 안정성을 평가하고 있으며, 통상 이 정도 속도에서는 운전자와 탑승객이 안전벨트 등을 정상적으로 착용했다면 사망사고까지는 발생하지 않습니다.

또한 자동차 제작회사들도 최소한 60km/h 충돌시험에 문제가 없을 정도로 차량을 설계하고 검증합니다. 그러므로 그 이상의 속도에서의 충돌 결과는 당해본 당사자가 아니면 그 누구도 이야기할 수 없습니다.

그러므로 급발진 사고에서 최고 극약처방 충돌속도는 최대한 60Km/h 이전에 실행해야 합니다. 이 속도가 운전자와 탑승객이 이생에 머물것인가 아니면 저승으로 올라갈 것인가를 결정하는 경계 속도임을 명심하기 바랍니다.

자동차 안전성능확인 충돌시험

정면충돌 충돌속도 56km/h, 고정벽 정면충돌 시 차량 내 탑승객 충돌안전성 평가

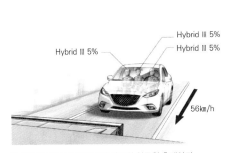

자료출처: 한국교통안전공단 자동차 연구원 홈페이지

부분정면충돌 충돌속도 64km/h, 40% 옵셋 변형벽 정면충돌 시 차량내 탑승객 충돌안전성 평가

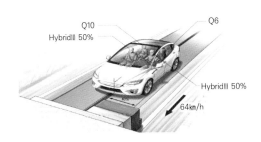

충돌 안정성

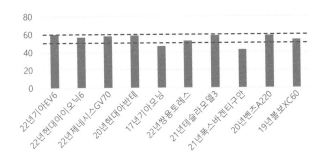

대부분의 차량들이 정면 충돌 시험 결과 차속 60Km/h 전후에서 50점대 점수를 유지하고 있습니다. 그러므로 이정도 차속에서 정면 충돌시 최소한 운전자와 승객의 안전이 어느 정도 보장된다는 이야기 입니다.

하지만 그 이상 속도에서의 충돌 결과는 그 누구도 예측 및 보장할 수가 없습니다.

자료출처: 한국교통안전공단 자동차 연구원 홈페이지

19. 결론

급발진 관련하여 연관된 시스템들과 시스템에 따른 차량 세대별 대응방법에 대해 전반적으로 정리하였습니다. 특히, 엔진 자동차보다 전기자동차가 급발진 상황에서는 상대적으로 불리하다는 사실과 그에 따른 대응 방법도 다르다는 것을 확인하였습니다. 그리고 급발진 현상 통제가 불가능하다고 판단될 때 최후의 수단으로 장애물 충돌 방법을 선택합니다.

하지만 장애물 충돌방법은 차량속도가 60km/h 를 넘어서 실행될 때 운전자와 탑승객의 생명을 보장할 수 없다는 사실 또한 확인하였습니다.

그러므로 초를 다투는 신속한 상황 판단과 대응은 사전에 충분한 시나리오를 가지고 연습을 하지 않으면 거의 불가능에 가깝습니다. 사실 급발진이라는 원인을 알 수 없는 일들이 우리 주변에서 심심치 않게 발생을 하고 있지만 이런 상황에 대처하기 위해 시나리오를 가지고 연습을 한 운전자는 많지 않은 게 현실입니다.

여하튼 자신의 차량에 알맞은 급발진 통제 시나리오를 만들고 나름 학습을 통해 준비가 필요합니다. 그리고 장애물 충돌은 절대로 차속이 60km/h 를 넘기 전에 실행하시고 타이밍을 놓쳤다면 최대한 부분 충돌로 차량 속도를 감속시킨 후 최종 정면 충돌 및 사선 충돌로 차량을 정지시켜야 합니다.

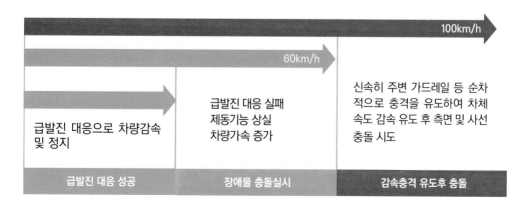

급발진 대응으로 차량감속 및 정지

급발진 대응 실패
제동기능 상실
차량가속 증가

신속히 주변 가드레일 등 순차적으로 충격을 유도하여 차체 속도 감속 유도 후 측면 및 사선 충돌 시도

| 급발진 대응 성공 | 장애물 충돌실시 | 감속충격 유도후 충돌 |

로드킬 분석 및 대응
Driving

1. 로드킬 정의

로드킬이란 사람과 공존하는 야생동물, 애완동물, 유기동물들이 먹이를 찾거나 이동하는 과정에서 도로에 뛰어들어 자동차에 부딪쳐 죽는 사고를 말하며 통상적으로 동물 교통사고를 이야기합니다.

로드킬은 차량의 보급증가와 도로교통망 확충으로 인해 해마다 발생하고 있으며 단순한 동물사고를 떠나 인명 피해까지 유발하는 심각한 사회적 문제로 대두되었습니다. 하지만 그 대상이 동물이다 보니 대책을 강구하는데 한계가 있으며, 동물들에게 그 책임을 물을 수도 없습니다. 정확히 이야기하면 사람들이 동물들의 서식지에 도로를 내고 차량이 통행을 하면서 발생되었기 때문입니다.

그래서 도로를 개설할 때 로드킬 방호벽 울타리 등을 설치하지만 이 역시 완벽한 수단은 되지 않고 있습니다. 하물며 하늘은 날아다니는 새들과도 충돌해 로드킬을 유발하므로 이제부터 수동적인 자세에서 벗어나 능동적인 자세로 로드킬 예방에 관련된 운전자 교육 및 인식에 개선이 필요할 것으로 판단됩니다.

그래서 이 장에서는 필자가 알고 있는 지식과 각종 자료 등에서 언급된 내용을 정리하여 로드킬 예방 및 대응 방법에 대해 간단하게 정리해 보겠습니다.

물론 여기에서 제시하는 방법들이 모든 상황에 만족할 수는 없겠지만 로드킬 상황을 올바르게 이해하고 대처함으로써 운전자의 안전 및 동물 교통사고를 최소화할 수 있기를 바랍니다.

로드킬 이란?

운전자가 미처 대응할 수 없어 발생되는 동물교통사고로 인적, 물적 피해를 유발한다.

※ 로드킬은 전 세계나라에서 발생하고 있는 동물교통사고로 심각한 사회적 문제로 대두되고 있습니다.

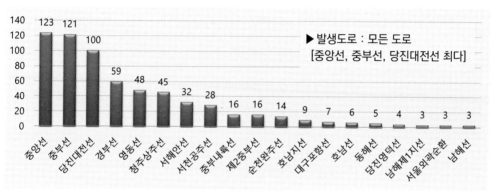

▶ 발생도로 : 모든 도로
[중앙선, 중부선, 당진대전선 최다]

[자료출처: 누리집 공공데이터포털/한국도로공사 로드킬 데이터정보]

▲ **고속도로 로드킬 현황** (2020년)

2020년 한해 동안 전국 주요 고속도로에서 발생된 로드킬 현황을 보면, 전국 대부분의 고속도로에서 로드킬이 발생하고 있으며 유독 중앙선, 중부선, 당진대전선 등에서 100건 이상의 로드 킬이 발생 하였습니다. 그러므로 고속도로 운전시 로드킬에 대한 충분한 방어운전이 필요하고 로드킬 발생이 많은 도로 및 구간에서는 과속을 삼가하셔야 합니다.

특히 야간 고속도로에서의 로드킬 사고는 자칫 대형사고로 이어질 수 있으므로 사전에 충분한 대응 방법을 숙지하고 문제 발생시 당황하지 말고 침착하게 대응을 해야 합니다.

2. 동물 종별 로드킬 발생현황

	고양이	고라니	너구리	개	노루	오소리	멧돼지	기타
고속국도	81	832	73	50	13	24	46	75
일반국도	4,021	5,461	1,529	618	141	148	34	1,652
지방도	1,742	603	149	207	412	22	11	564
시군도	10,800	3,041	509	675	302	48	27	1,313
기타도로	883	910	31	55	4	3	6	146
합계	17,527	10,847	2,291	1,605	872	245	124	3,750

[자료출처: 누리집 공공데이터포털/한국도로공사 로드킬 데이터정보/국토교통부]　　　　※ 기타: 조류, 양서류, 다람쥐 등

▲ 2021년 동물 종별 로드킬 발생 현황

　　동물 종별 로드킬 발생 1순위는 고양이, 고라니, 너구리, 개 순이다. 고양이는 번식력이 왕성하고 사람 주위에 늘 함께 하는 동물이다보니 상대적으로 로드킬에 많이 노출되고 있는 실정이고 고라니는 야생 동물로 마땅히 견제할 천적이 없고 번식력도 왕성하여 개체수가 꾸준히 증가하여 사회적 문제로 대두되고 있는 동물입니다.

2-1 5개년간 월별 동물 로드킬 현황

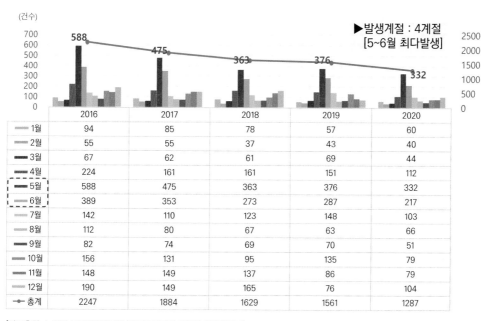

	2016	2017	2018	2019	2020
1월	94	85	78	57	60
2월	55	55	37	43	40
3월	67	62	61	69	44
4월	224	161	161	151	112
5월	588	475	363	376	332
6월	389	353	273	287	217
7월	142	110	123	148	103
8월	112	80	67	63	66
9월	82	74	69	70	51
10월	156	131	95	135	79
11월	148	149	137	86	79
12월	190	149	165	76	104
총계	2247	1884	1629	1561	1287

[자료출처: 누리집 공공데이터포털/한국도로공사 로드킬 데이터정보]

▲ 최근 5개년 동물 로드킬 월별 현황 [2016~2020]

    최근 5개년간 월별 로드킬 발생건수를 보면 전체적으로 5월~6월 사이에 로드킬 수가 부쩍 많이 발생함을 확인할 수 있습니다. 이 시기는 대부분의 동물 번식기로서 그로 인한 활동량도 많아 상대적으로 로드킬 위험에 많이 노출됩니다.

    그러므로 운전자들은 이 시기에 운전할 때 로드킬에 대해 평소보다 더 많은 신경을 써야 합니다.

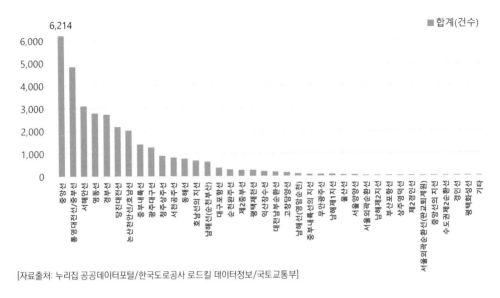

[자료출처: 누리집 공공데이터포털/한국도로공사 로드킬 데이터정보/국토교통부]

▲ 고속도로별 로드킬 현황[2004~2019]

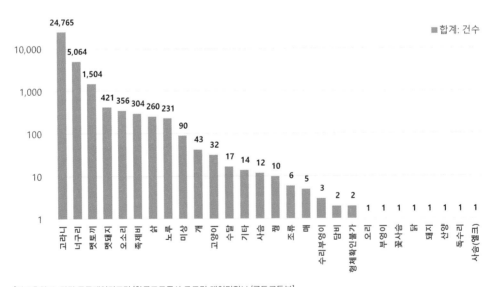

[자료출처: 누리집 공공데이터포털/한국도로공사 로드킬 데이터정보/국토교통부]

▲ 고속도로 동물별 로드킬 현황(2004~2019)

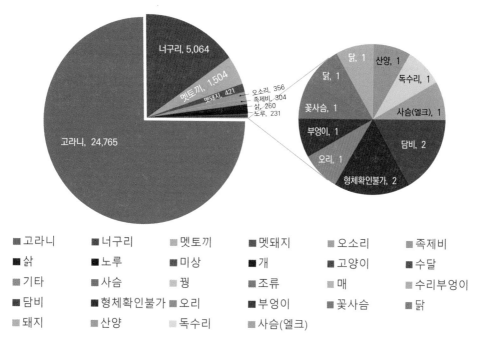

[자료출처: 누리집 공공데이터포털/한국도로공사 로드킬 데이터정보/국토교통부]

▲ 고속도로 로드킬 현황(2004~2019)

2-2 고속도로 로드킬 특징 분석

다음은 로드킬 사고 중 사고 데미지가 큰 고속도로 로드킬 사고의 대표적인 특징들에 대해 공개된 자료를 참고하여 정리해 보겠습니다. 이를 통해 고속도로 로드킬 사고에 대한 경각심과 대응법에 대해 모든 운전자들이 인식할 수 있기를 바랍니다. 특히 고속도로 로드킬은 심야 시간에 전체 사고의 60% 발생하고 그로 인한 2차, 3차 추돌 사고를 유발할 수 있으며, 속도는 높고 시야는 좁은 상태에서 운전자의 집중력이 떨어지는 시간대이므로 대형 사고의 원인이 됩니다.

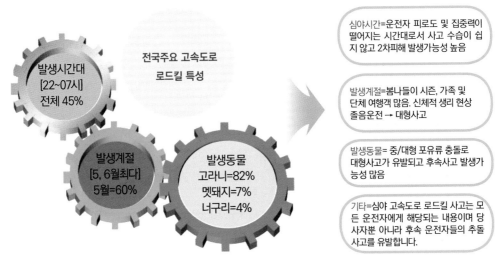

전국주요 고속도로
로드킬 특성

발생시간대
[22~07시]
전체 45%

발생계절
[5, 6월최대]
5월=60%

발생동물
고라니=82%
멧돼지=7%
너구리=4%

심야시간=운전자 피로도 및 집중력이
떨어지는 시간대로서 사고 수습이 쉽
지 않고 2차피해 발생가능성 높음

발생계절=봄나들이 시즌, 가족 및
단체 여행객 많음. 신체적 생리 현상
졸음운전 → 대형사고

발생동물= 중/대형 포유류 충돌로
대형사고가 유발되고 후속사고 발생가
능성 많음

기타=심야 고속도로 로드킬 사고는 모
든 운전자에게 해당되는 내용이며 당
사자분 아니라 후속 운전자들의 추돌
사고를 유발합니다.

☞ 상기자료는 운전자의 이해를 돕기위해 공개된 자료의 평균치를 저자가 이미지화한 자료입니다.

2-3 로드킬 주범들에 대한 특성 및 대응 시나리오

앞서 로드킬에 대해 전반적인 현황을 정리해 보았습니다. 그래서 이러한 내용을 가지고 로드킬 대응 관련 시나리오를 크게 두 가지 형태로 정리하였습니다. 도심에서 가장 큰 로드킬 사고 비중을 차지하는 고양이와 고속도로에서 비중이 큰 고라니에 대해 정리해 보겠습니다.

도심 속 고양이는 크기가 작은 동물이라고 안일하게 대응하면 절대로 안됩니다. 15년 전 필자의 지인분 중 대학병원 간호사 한 분이 출근길 고양이를 피하다가 가로수를 들이받고 전복되어 본인이 근무하는 병원에서 6주간의 치료를 받은 일이 있습니다. 여하튼 이제부터는 운전자 분들이 로드킬에 대한 정확한 이해와 대응 시나리오를 습득해야 합니다.

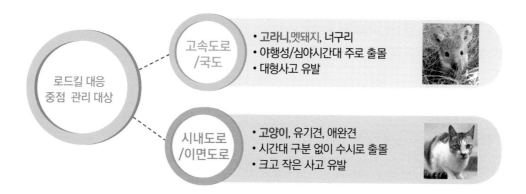

2-4 상황별 로드킬 대응 시나리오 [시내도로 및 이면도로 /주간 & 야간]

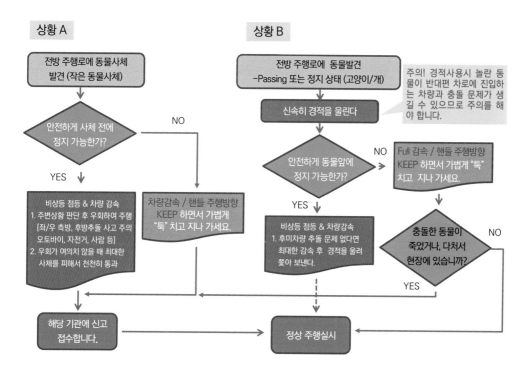

※ 야간에 동물을 쫓는다고 주행빔(상향등)을 비추거나 깜박이 행위는 동물의 시야를 방해하여 오히려 동물이 도망가지 못합니다.

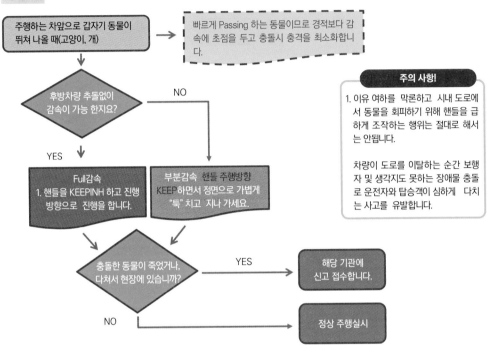

상황 C

주행하는 차앞으로 갑자기 동물이 뛰쳐 나올 때(고양이, 개) → 빠르게 Passing 하는 동물이므로 경적보다 감속에 초점을 두고 충돌시 충격을 최소화합니다.

주의 사항!

1. 이유 여하를 막론하고 시내 도로에서 동물을 회피하기 위해 핸들을 급하게 조작하는 행위는 절대로 해서는 안됩니다.

차량이 도로를 이탈하는 순간 보행자 및 생각지도 못하는 장애물 충돌로 운전자와 탑승객이 심하게 다치는 사고를 유발합니다.

후방차량 추돌없이 감속이 가능 한지요? — NO

YES

Full감속
1. 핸들을 KEEPINH 하고 진행 방향으로 진행을 합니다.

부분감속 핸들 주행방향 KEEP하면서 정면으로 가볍게 "툭" 치고 지나 가세요.

충돌한 동물이 죽었거나, 다쳐서 현장에 있습니까? — YES → 해당 기관에 신고 접수합니다.

NO → 정상 주행실시

2-5 상황별 로드킬 대응 시나리오[고속도로 , 국도 /주간 & 야간]

자료를 보면 고속도에서의 로드킬 특성은 통상 중·대형 동물이 심야시간에 출몰하고 차량 속도가 높고 운전자의 집중력이 현저히 떨어지는 시간대에 발생하므로 로드킬 사고는 예상치 못한 대형 사고를 유발합니다. 그래서 가장 좋은 예방책은 다음과 같습니다.

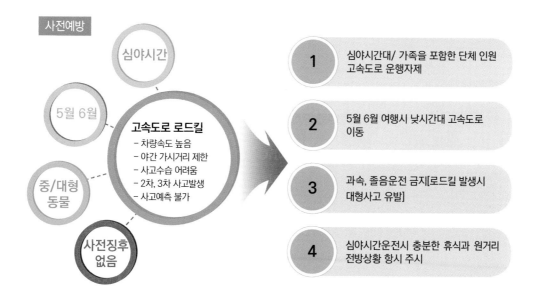

2-6 로드킬 동물들의 도로진입 형태 [고속도로, 국도 / 주간 & 야간]

상대적으로 차량 속도가 높은 고속도로 및 국도에서의 로드킬은 침착하고 적절하게 대응을 해야 합니다. 잘못된 로드킬 대응은 단순한 동물 교통사고를 넘어 후속 차량과의 충돌 또는 도로 가드레일을 넘어 차량이 절벽으로 굴러 떨어지거나 전복되는 대형사고를 유발합니다.

그래서 이 장에서는 고속도로 및 국도에서의 대표적인 로드킬 동물들의 진입형태와 잘못된 로드킬 대응으로 인한 차량 사고 형태에 대해서 정리해 보겠습니다.

Normal 상황

- 가축이 도로를 활보 [염소, 돼지, 소, 오리, 닭 등]
- 돌물이 갓길 또는 중앙 분리대로 이동중일 때
- 동물이 갓길에서 도로 횡단을 머뭇거릴 때
- 동물이 주행로 한복판에 멈춰서서 움직이지 않을 때
- 주행로에 동물 사체가 놓여 있을 때

긴박상황

- 주행차량 앞으로 갑자기 뛰어들어 Passing할 때
- 주행차량을 향해 돌진해 올 때
- 갓길 또는 중앙분리대에 서 있다가 갑자기 주행차로 앞으로 뛰어드는경우
- 동물사체가 주행로 앞에 떨어지거나, 보닛 또는 전면 창을 강타할 때

잘못 대응시 결과

- 급제동에 따른 후미차량 추돌사고
- 급조향에 따른 차로 이탈
  → 중앙분리대, 가드레일 충돌 및 차체 전복
  → 도로이탈, 급경사로 전복사고 발생
  → 측후방 차량 진로방해 충돌사고 발생

Normal 상황

A. 동물이 도로 점령 또는 활보 [사슴, 염소, 돼지, 소, 오리, 닭, 등]
※캐나다, 스웨덴 등에서는 자주 발생합니다. 엘크, 순록 등이 도로를 점령하고 이동합니다.

1. 비상등 점멸 및 최대한 감속운행 또는 정지합니다. 그리고 경적음을 사용하지 않습니다. 가축이 놀라서 날뛸 수 있습니다. 특히, 닭, 오리 등은 놀라면 중앙분리대를 넘어 날아가 반대편 주행 차로에 문제를 일으킬 수 있습니다.
2. 관할 지자체 또는 도로공사에 신고합니다.
3. 차에서 내려 동물을 쫓지 마세요.

B. 동물이 갓길 또는 중앙 분리대로 이동중일 때
C. 동물이 갓길에서 도로 횡단 또는 머뭇거릴 때

1. 비상등 점멸 및 최대한 감속 운행합니다. 그리고 주변에 진입하는 차량이 없다면 경적음을 약하게 사용하여 동물들이 도로에서 벗어나게 합니다.
2. 차에서 내려 동물을 쫓지 마세요.

1. 비상등 점멸 뒤차 추돌 위험이 없을 정도로 최대한 감속 경적을 짧게 울려 줍니다. 동물은 습성상 놀라면 앞쪽으로 뛰쳐 나갑니다.
자칫 반대편 차로로 뛰어 들어가 사고를 일으킬 수 있으므로 신중을 기해야 합니다.
야간에는 자동차 라이트 빛에 의해 일시적 실명 상태로 동물이 움직이지 못할 수 있습니다. 뒤차에 추돌 위험이 없다면 비상등 점멸 상태에서 정지 대기후 동물이 안전하게 도망갈 수 있도록 해주세요.

D. 동물이 주행로 한복판에 멈춰 서서 움직이지 않을 때

E. 주행로에 동물 사체가 놓여 있을 때

1. 비상등 점멸 및 최대한 감속운행 합니다. 주변 진입 차량과 추돌 위험이 없다면, 살짝 비켜서 피해갑니다.
2. 가능한 단독으로 차에서 내려 동물사체를 옮기지 마세요.
3. 관할 지자체 또는 도로공사에 신고합니다.

※ 야생동물 출몰 표지판을 눈여겨 보세요. 야생동물들이 많이 살고 있는 지역입니다. 급박한 상황이 아니라면 충분히 감속 운행하시고 동물이 안전하게 지나갈 수 있도록 배려해 주세요. 차량보다 동물통행이 우선입니다.

긴박 상황

A. 주행차량 앞으로 갑자기 뛰어들어 Passing할 때
B. 주행차량을 향해 돌진해올 때

※ 대부분의 로드킬 사고 유형으로 잘못 된 대응은 대형 사고를 유발합니다.
1. 핸들! 주행방향 Keeping 급감속 후 비상등 점멸(절대 차량 STOP 금지) 그냥 지나 가세요. 단, 급 감속 시 후방차량 추돌이 없도록 신경써야 합니다.
2. 핸들링 하지마세요. 필자 경험상 일반 운전자들이 60Km/h 이상 속도로 주행 중 급조향(차선변경) 시 차량 통제가 쉽지 않습니다.
   물론 ESC가 부분 작동되지만 너무 믿지 마세요.
3. 단, 급감속 후 (브레이크 유지상태, ABS 작동중) 나름 회피 조향은 가능하지만, 30km/h 이하 속도 (마른 노면기준) 측·후방 진입차량과 추돌 사고가 발생할 수 있으니 주의하세요.
4. 운전자가 할 일은 회피보다 후속차량 추돌 없는 최대한 감속 운전입니다.
   그 다음 동물의 운명은 하늘에 맡기세요.
   통상적으로 동물들도 빠르게 지나가므로 운전자가 적정량 감속을 하면 사고 없이 통과하는 사례가 많습니다.

C. 갓길/또는 중앙분리대에 서있다가 갑자기 주행차로 앞으로 뛰어드는 경우

1. 일단 도로에 동물이 보이면 비상등 점멸 및 최대한 감속 운행합니다.
   그리고 주변에 진입하는 차량이 없다면 경적음을 약하게 사용하여 동물들이 도로에서 벗어나게 합니다.
2. 그러다가 동물이 주행차로에 뛰어 들어오는 경우 후속차량에 추돌 당하지 않을만큼 급감속 후 바로 지나가세요. 절대로 정지 하지마세요.
3. 운전자가 할 일은 회피보다 후속차량 추돌없는 최대한 감속 운전입니다.
   그 다음 동물의 운명은 하늘에 맡기세요.

D. 동물사체가 주행로 앞에 떨어지거나, 본넷 , 또는 전면 창을 강타 할때

1. 마른 하늘에 날벼락! 드물게 발생합니다. 대상자는 도로 위에 모든 운전자 평소 대응 시나리오를 생각하고 마음의 준비를 해야합니다.
2. 동물사체가 갑자기 반대편 차선에서 날라와 주행차로 앞에 떨어질 때 충분한 거리에 떨어진 경우 일단 감속 후 비상등을 점멸 → 안전하게 차로를 변경하여 회피하십시오.
   그러나 바로 앞에 떨어진 경우 급감속 → 핸들KEEPING (절대 회피조향 금지)
   사체 통과 후 비상등 점멸 하면서 안전하게 갓길로 차를 이동하여 차량상태 확인 및 관련 지자체 또는 도로공사에 신고합니다.
3. 동물 사체가 보닛 위에 떨어지거나 전면창을 강타하여 유리가 깨지고 시야 확보가 되지 않을 때 → 급감속 핸들 KEEPING → 룸미러와 우측 사이드 미러를 보고 갓길로 한 차선씩 차선을 변경 후 안전하게 갓길에 차를 주차합니다. 차량 운행이 불가능 할 때 안전삼각대를 주간에는 차량후방 100m에 놓고, 야간에는 200m 위치에 설치하고 관계기관에 신고를 합니다.

※ 어떠한 이유로 동물과 충돌 후 동물 사체 또는 부상당한 동물이 현장에 머물러 있다면 반드시 관계기관에 신고 및 사고 처리 후 이동을 해야 합니다. 그렇치 않을 경우 법에 의해 처벌을 받을 수 있습니다. 안일한 현장 방치 및 부실 대응은 예상치 못한 또 다른 교통사고를 유발할 수 있습니다.

※ 급박한 상황에서는 제동 선행 후 → 비상등을 점멸합니다.
요즘 대부분의 차량이 ABS가 장착되어 있어 급제동 상태에서 부분적으로 회피 조향이 가능하지만, ABS가 고장난 차량은 급제동 시 바퀴가 락킹되어 핸들을 아무리 꺽어도 회피 조향이 되지 않습니다. 이런 경우 회피 조향을 하기 위해서는 제동을 부분적으로 풀어 바퀴가 회전할 수 있도록 해야 합니다.

※ 야생 동물의 특성 이해

· 야생 포유류들은 특성상 시각보다 청각 및 후각이 매우 발달되어 있습니다. 그러므로 동물들에게 신호를 보낼 때 경적을 약하게 사용해도 바로 상황을 인지합니다.

· 야생 포유류 중 너구리, 멧돼지, 고라니 등은 5, 6월 활발하게 활동하고 주로 야간에 움직입니다.

· 동물들은 특성상 놀라면 바로 전진합니다. 놀랐을 때 후진해서 도망가는 일은 거의 없습니다. 그래서 경적 등으로 동물을 쫓을 경우 동물 전방으로 진입하는 차량이 없을 때 해야합니다.

· 동물들은 빛이 없는 야간에 활동시 동공이 최대한 개방되어 있습니다. 이 상태에서 자동차 라이트 빛을 정면으로 보게 되면 일시적 실명상태가 되어 그 자리에 멈춰서 움직이지 못합니다. 그러므로 야간에 전방 동물을 향해 주행빔을 조사하거나 깜박이는 행위를 하면 안됩니다.

· 멧돼지는 보통 가족 단위로 이동합니다. 한 마리가 보이면 근처에 다른 무리가 있으므로 충분히 감속 후 상황을 살펴야 합니다. 그리고 시력이 많이 안좋아서 놀라면 무조건 돌진합니다. 고속주행 중 돌진 하는 멧돼지를 피하기 위해 급격한 핸들링은 절대로 하지마세요. 차량 전복 사고의 원인이 됩니다.

2-7 도로 이용중 로드킬을 당했거나 발견했다면

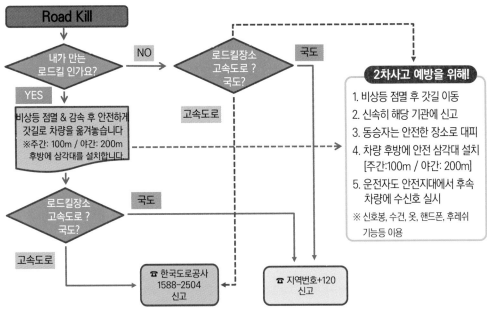

※ 로드킬 당한 동물이 부상을 당해 도로를 벗어나 차량운행에 지장이 없는 곳에 있다면 지역별 야생동물 구조센터에 신고 하여 구조될 수 있도록 합니다.

도로 낙하물 대응 Driving

1. 도로 낙하물 사고의 개념

　도로 낙하물이란 차량이 이동중인 도로에서 의도하지 않게 차량에 적재된 물건이 도로 바닥에 떨어져 차량 이동을 방해하거나 운전자의 시야를 가려 정상적인 안전운전을 방해하는 일련의 물체들을 이야기합니다.

　도로 낙하물 교통사고는 차가 운행 중인 모든 도로에서 해마다 발생하고 있으며 그로 인해 인적 물적 손해가 발생하고 상황에 따라서는 대형사고를 유발합니다.

　최근 한동안 심각한 낙하물 관련 대형사고는 화물차 판스프링 낙하물 사고입니다. 정비불량 또는 적재함 보강을 위해 화물칸 측면 또는 후면에 꼽고 다녔던 판스프링이 도로에 떨어져 주행 중인 차량의 바퀴의 회전력으로 바닥에서 튀어올라 반대편 차량의 전면 유리창을 관통하여 운전자가 사망하는 일까지 발생하였습니다.

　그래서 이 장에서는 본인이 알고 있는 지식과 각종 자료 등에서 언급된 내용을 정리하여 도로 위 낙하물 또는 비상하는 물체에 대해 사전 예방 및 대응 시나리오를 간단하게 정리해 보겠습니다. 물론 여기서 제시하는 방법들이 모든 상황에 만족할 수는 없겠지만 도로 낙하물 교통사고를 올바르게 이해하고 대처함으로써 운전자의 안전 및 교통사고를 최소화할 수 있기를 바랍니다.

※ 도로 낙하물사고는 예측이 불가능하고 시간과 장소를 가리지 않고 발생하므로, 대응 가능한 방법에 대해 사전에 충분히 염두해 두시기 바랍니다.

2. 고속도로 낙하물수거 현황

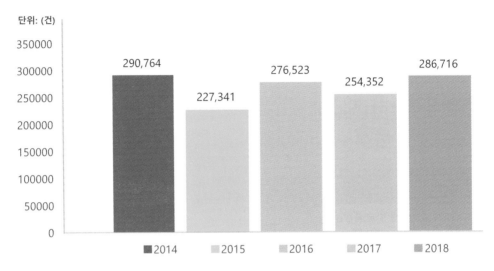

▲ 최근5년간 고속도로 낙하물 수거 현황

※ 자료출처 : https://youtu.be/S2mN2BLXdvo [Source: 한국도로공사]

　　각종 매체에 보도된 자료를 종합해 보면 한해 고속도로 낙하물 수거 현황이 꾸준히 20만건 이상을 기록하고 있으며, 그로 인한 교통사고 부상자 및 사망자도 발생하고 있습니다. 최근에는 자동차 판스프링 낙하물 사고가 사회적 이슈가 되었습니다. 그러므로 도로에서의 낙하물에 대한 올바른 대응방법과 경각심을 통해 사고 피해를 최소화해야 합니다.

3. 도로 낙하물 특성 및 교통사고 형태

다음은 도로 운전 중 발생되는 새로운 위험요소인 피해자는 있으나 가해자가 없는 도로 낙하물에 의한 교통사고에 대해 정리해 보겠습니다. 경각심과 대응법에 대해 모든 운전자들이 인식할 수 있기를 바랍니다.

특히 고속도로 낙하물 사고는 종종 대형사고로 이어지고 그로 인한 2차, 3차 추돌 사고를 유발합니다. 또한 사고 예측이 불가능하므로 현실적으로 예방 및 대응에 한계가 있습니다.

물론 꾸준한 적재물 관리 및 포장과 차량정비 홍보를 통해 예방을 강화하고는 있지만 현실적인 한계가 존재합니다.

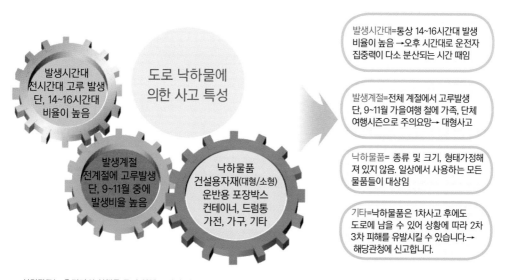

도로 낙하물에 의한 사고 특성

발생시간대
전시간대 고루 발생
단, 14~16시간대
비율이 높음

발생계절
전계절에 고루발생
단, 9~11월 중에
발생비율 높음

낙하물품
건설용자재(대형/소형)
운반용 포장박스
컨테이너, 드럼통
가전, 가구, 기타

발생시간대=통상 14~16시간대 발생 비율이 높음 →오후 시간대로 운전자 집중력이 다소 분산되는 시간 때임

발생계절=전체 계절에서 고루발생 단, 9~11월 가을여행 철에 가족, 단체 여행시즌으로 주의요망→ 대형사고

낙하물품= 종류 및 크기, 형태가정해져 있지 않음. 일상에서 사용하는 모든 물품들이 대상임

기타=낙하물품은 1차사고 후에도 도로에 남을 수 있어 상황에 따라 2차 3차 피해를 유발시킬 수 있습니다.→ 해당관청에 신고합니다.

☞ 상기자료는 운전자의 이해를 돕기 위해 공개된 자료의 평균치를 저자가 이미지화한 자료입니다.

4. 상황별 낙화물 교통사고 사전예방 [고속도로, 국도 /주간 & 야간]

자료를 보면 고속도로에서 낙화물 특성은 통상 로드킬 동물보다 부피가 작은 것들이 많아 운전자가 사전에 발견이 어렵고 그런 상황에서 물체와 충돌 또는 밟고 지나가는 상황이 발생합니다.

그로 인해 바닥에 떨어져 있던 물체는 생각지도 않은 힘이 발생하고 물체가 비상(飛上)하여 후속차량 또는 반대차로에 날아가 차량과 충돌하는 2차 사고를 유발합니다. 2차 사고 특성은 차량속도+비상물체에 속도가 더해져 엄청난 파괴력으로 차량에 충돌하므로 운전자가 대처할 수 있는 한계를 넘어 결과가 치명적입니다.

그러므로 도로 낙하물사고는 1차 사고보다 2차 사고가 더 위협적이고 치명적 이므로 가능한 사전 예방과 낙하물 신고에 신경을 써야 합니다.

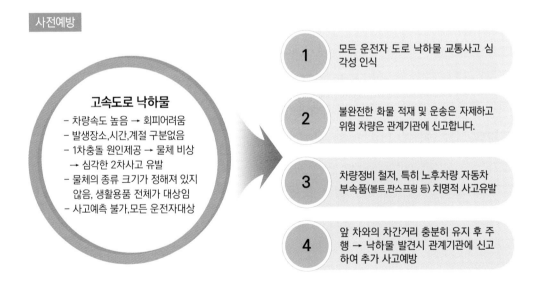

사전예방

고속도로 낙하물
- 차량속도 높음 → 회피어려움
- 발생장소,시간,계절 구분없음
- 1차충돌 원인제공 → 물체 비상
  → 심각한 2차사고 유발
- 물체의 종류 크기가 정해져 있지 않음, 생활용품 전체가 대상임
- 사고예측 불가,모든 운전자대상

1 모든 운전자 도로 낙하물 교통사고 심각성 인식

2 불완전한 화물 적재 및 운송은 자제하고 위험 차량은 관계기관에 신고합니다.

3 차량정비 철저, 특히 노후차량 자동차 부속품(볼트,판스프링 등) 치명적 사고유발

4 앞 차와의 차간거리 충분히 유지 후 주행 → 낙하물 발견시 관계기관에 신고하여 추가 사고예방

상대적으로 차량 속도가 높은 고속도로 및 국도에서의 낙하물 대응은 침착하고 적절하게 대응을 해야 합니다. 잘못된 낙하물 대응은 교통사고를 넘어 후속 차량과의 충돌 또는 도로 가드레일을 넘어 차량이 절벽으로 굴러 떨어지거나 전복되는 대

형사고를 유발합니다. 또한 작은 낙하물이라도 차량이 고속으로 주행하는 고속도로에서는 자동차 바퀴와 노면 사이에 끼면 엄청난 속도로 비상하는 물체로 변해(야구 연습장에서 야구공이 회전하는 두개의 타이어 사이에 끼여 타자석 쪽으로 비상하는 원리) 후속차량 차체 또는 전면 유리를 강타하여 사고를 유발시킵니다.

최근에 대표적으로 이슈화 된 사고가 도로 위에 떨어진 자동차 판스프링 사고입니다.

그래서 이 장에서는 고속도로 및 국도에서의 대표적인 낙하물 상황을 정리하고 잘못된 낙하물 대응으로 인한 차량 사고 형태에 대해서 학습해 보겠습니다.

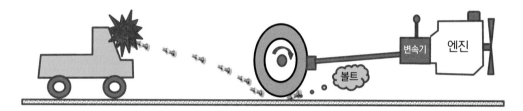

도로 위에 떨어진 작은 볼트 하나도 타이어 진행 방향에서 유입되면 바퀴의 회전력이 볼트를 강하게 뒤쪽으로 날려보내 후속차량에 피해를 가할 수 있습니다. 이러한 현상은 전륜 구동인 승용차 보다 후륜 구동인 화물차 등에서 좀 더 위협적인 힘이 발생하므로 특히 화물차량 후미에서 주행시 충분한 안전거리를 확보하는 것이 좋습니다.

※ 도로에 떨어진 자동차 판스프링이 비상하여 사고를 일으킨 원리도 위와 같습니다.

5. 도로 낙하물 사고 예방 및 대응

1단계 : 후속 차량을 배려하는 운전

이 정도 쯤이야

다양한 도로 위의 낙하 물건들

1. 작은 물체는 바퀴 회전력으로 비상하여 후속차량 및 주변 차량에 심각한 사고 및 위협이 될 수 있습니다.

2. 박스 및 쓰레기 자루는 내용물이 비상 또는 도로에 흩어져 운행중인 운전자 시야를 방해하여 사고를 유발할 수 있습니다.

3. 특히, 유리병들이 담긴 박스는 터지는 순간 유리병들이 도로 바닥 넓게 흩어져 굴러다니고 진행하는 차량의 타이어에 유입되면 급격한 차량의 쏠림 발생으로 가드레일 추돌 및 심한 경우 차량 전복의 원인이 됩니다.

※ 도로에 흩어진 낙하물들을 차량이 고속으로 밟고 지나가는 경우 차량 거동이 불안전해지고 이는 차량이 도로를 이탈하여 주변에 연석, 화단 등을 밟고 차체가 전도되는 Flip Effect(구름판효과) 현상을 유발할 수 있습니다. 특히 이런 현상은 운전자의 급격한 핸들조작, 코너링구간, 미끄러운 노면 등에서 더욱더 쉽게 발생합니다.

6. 도로 낙하물 사고 예방 및 대응

그렇다면 도로 위에 다양한 낙하 물건들을 발견하면 어떻게 해야 할까요? 사실 이 부분은 명확한 기준이나 방법이 없습니다.

로드킬처럼 그 대상이 한정되어 있지도 않으며 우리가 일상에서 사용하는 모든 물건들이 위치가 바뀌면 모든 낙하물이 흉기로 변합니다. 이런 상황에서 개별 물체에 따른 대응 방법을 논한다는 것 자체가 한계를 느끼게 됩니다. 그래서 필자의 경험과 유튜브에 공개된 다양한 낙하물 사고들의 특징을 크게 네가지로 분류하여 최소한의 대처방법에 대한 기준을 정리 합니다. 물론 이 방법이 절대적으로 완벽한 방법은 아니며 앞서 급발진 및 로드킬 대응밥법에 대해 서두에 밝혔듯이 최종판단은 운전자 몫입니다. 다만 이 책을 통해 이러한 문제점들을 사전에 염두해 둔 상태에서 실전에 대응할 수 있다면 아마도 최소한의 피해를 줄일 수 있지 않을까 생각합니다.

낙하물 판단

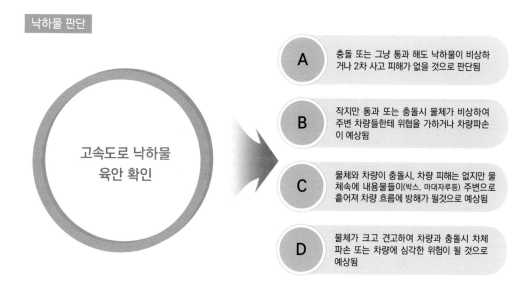

고속도로 낙하물
육안 확인

A 충돌 또는 그냥 통과 해도 낙하물이 비상하거나 2차 사고 피해가 없을 것으로 판단됨

B 작지만 통과 또는 충돌시 물체가 비상하여 주변 차량들한테 위험을 가하거나 차량파손이 예상됨

C 물체와 차량이 충돌시, 차량 피해는 없지만 물체속에 내용물들이(박스, 마대자루등) 주변으로 흩어져 차량 흐름에 방해가 될것으로 예상됨

D 물체가 크고 견고하여 차량과 충돌시 차체파손 또는 차량에 심각한 위험이 될 것으로 예상됨

6-1 도로 낙하물 사고 예방 및 대응

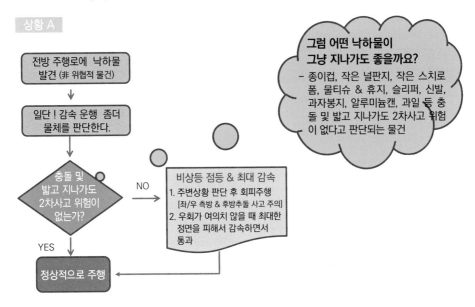

상황 A

전방 주행로에 낙하물
발견 (非 위협적 물건)

일단 ! 감속 운행 좀더
물체를 판단한다.

충돌 및
밟고 지나가도
2차사고 위험이
없는가?

NO → 비상등 점등 & 최대 감속
1. 주변상황 판단 후 회피주행
   [좌/우 측방 & 후방추돌 사고 주의]
2. 우회가 여의치 않을 때 최대한
   정면을 피해서 감속하면서
   통과

YES

정상적으로 주행

**그럼 어떤 낙하물이
그냥 지나가도 좋을까요?**

- 종이컵, 작은 널판지, 작은 스치로
폼, 물티슈 & 휴지, 슬리퍼, 신발,
과자봉지, 알루미늄캔, 과일 등 충
돌 및 밟고 지나가도 2차사고 위험
이 없다고 판단되는 물건

※ A상황은 도로 낙하물이라고 해서 모두 위협적인 물건은 아니므로 非 위협적인 낙하물을 일부러 피하려고 하다가 예상
치 않는 사고에 노출될 수 있습니다.

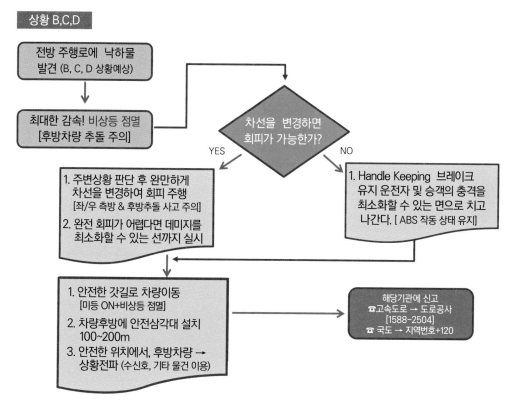

상황 B,C,D

전방 주행로에 낙하물 발견 (B, C, D 상황예상)

최대한 감속! 비상등 점멸 [후방차량 추돌 주의]

차선을 변경하면 회피가 가능한가?

YES

NO

1. 주변상황 판단 후 완만하게 차선을 변경하여 회피 주행 [좌/우 측방 & 후방추돌 사고 주의]
2. 완전 회피가 어렵다면 데미지를 최소화할 수 있는 선까지 실시

1. Handle Keeping 브레이크 유지 운전자 및 승객의 충격을 최소화할 수 있는 면으로 치고 나간다. [ABS 작동 상태 유지]

1. 안전한 갓길로 차량이동 [미등 ON+비상등 점멸]
2. 차량후방에 안전삼각대 설치 100~200m
3. 안전한 위치에서, 후방차량 → 상황전파 (수신호, 기타 물건 이용)

해당기관에 신고
☎고속도로 → 도로공사 [1588~2504]
☎ 국도 → 지역번호+120

※ 요즘 대부분의 차량은 ABS 장치가 장착되어 있으며 이 장치는 운전자가 Full 브레이크 상태에서도 부분적인 회피 조향을 가능하게 합니다. 하지만 좀더 신속한 회피를 하고 싶다면 Full 제동에서 압력을 살짝 낮추면 바퀴의 회전이 원활해져 선회 괴적이 짧아 민첩한 조향이 가능합니다.

7. 학습 정리

전반적으로 도로의 낙하물 사고 등에 대해 개념, 사고형태, 예방 및 대응 방법을 정리해 보았습니다. 도로 낙하물 사고는 상대적으로 로드킬 보다 발생빈도는 적지만 상황 및 낙하물체 종류와 대응 방법에 따라서 심각한 교통사고를 유발합니다.

그리고 최선의 예방법은 운전 중 전방상황 주시, 과속금지, 충분한 안전거리 확보입니다. 이것이 선행되지 않았을 때 대처 방법은 최후에 수단이며 그 결과는 누구도 장담할 수 없습니다.

※ 길가에 버려진 바나나 껍질 하나가 낙상 사고를 발생시키는 것처럼 도로 위에 버려진 낙하물 중에 일부는 크기에 관계없이 차량의 거동을 불안전하게 만들고 이런 상황은 낙하물+핸들조작 상황에서 더욱더 심하게 악화됩니다. 마치 걸어오는 사람보다 달려오던 사람이 바나나 껍질을 밟았을 때 사고 충격이 더 큰 것처럼

　　도로 낙하물 사고는 주간보다 전방시야가 좁아지는 야간에 더 큰 위험요소로 작용합니다. 또한 기상 및 기후가 좋지 않은날(안개, 비, 눈)에는 더욱더 조심을 해야 하고 특히 운전자 시야를 가리는 과도한 전면창 선팅은 피하는 것이 좋습니다.

　　다음은 도로 낙하물 사고 관련하여 피해를 줄이고 사고를 최소화할 수 있는 관련 요소들을 전체적으로 정리해 보았습니다.

※ 로드킬과 도로 낙하물 사고의 특징은 피해자는 있는데 가해자가 없습니다.[동물 / 무생물] 그러므로 사고배상을 받는 것이 쉽지 않으며 무엇보다도 그 사고로 인한 피해자의 육체적 정신적 피해는 모두 운전자 몫입니다.

유트브 영상으로 배우는 위급상황 사고들

▶ 1번 영상 급발진

https://youtu.be/M9wxs1sx8sl

https://youtu.be/hndn8dqqK6s

https://youtu.be/MdLgHoA7aPg

https://youtu.be/6NRofcyQBRQ

https://youtu.be/nyYYRcTv60U

https://youtu.be/a6GZbP7Cosg

▶ 2번 영상 로드킬

https://youtu.be/ZaEcbGYpKwo

https://youtu.be/2-jyxPotFfQ

https://youtu.be/zQVXdL6wLf8

https://youtu.be/6hf0XEWUHEU

https://youtu.be/lu6SlWmESw4

https://youtu.be/kX7WuzGcEUg

유트브 영상으로 배우는 위급상황 사고들

▶ 3번 영상 낙하물

https://youtu.be/WpNClJP6yg8

https://youtu.be/gFLuiU-rLow

https://youtu.be/mql2op3Eg3g

https://youtu.be/NVqHzwBirbQ

https://youtu.be/2blmhAzkb24

https://youtu.be/tTKXYzc08Q0

- 급발진 의심 현상은 대부분 자동변속기를 장착한 승용차에서 발생합니다.

- 급발진 발생은 운전경력과 큰 연관성이 없으며 모든 운전자를 대상으로 합니다.

- 급발진 대응 단계는 발생상황 및 차량에 장착된 시스템에 따라 다르게 대응합니다.

- 급발진 제압의 최종수단인 장애물 충돌은 신속하게 판단하고 최대한 빨리 실행을 해야합니다. 속도가 높아질수록 사고 충격은 상상을 초월할 수 있습니다.

- 로드킬은 대부분의 도로에서 발생하고 국내는 5~6월에 발생 빈도수가 가장 높습니다.

- 잘못된 로드킬 대응은 2차, 3차 추돌사고를 유발할 수 있습니다.

- 도로낙하물 사고는 전국 도로에서 발생하고 14~16시 사이에 발생 빈도수가 높습니다.

- 잘못된 도로 낙하물 대응은 후속 사고로 이어질 수 있습니다.

- 도로에 낙하물질은 대부분 일상적인 생활 용품들이며, 특히 건설자재 물품들의 비중이 높습니다.

수고하셨습니다.

☑ 기상 및 환경에 따른 도로환경 위험요소를 사전에 인지할 수 있다.

☑ 상황별 적절한 운전 대응을 통해 교통사고를 최소화할 수 있다.

☑ 기상 악조건 도로에서의 안전운전을 생활화한다.

☑ 침수 도로 상황정보를 파악하고 관련 위험요소를 사전에
   대응할 수 있다.

☑ 최근들어 폭우로 인한 차량 침수 관련 사고들이 점차 증가하는 추세입니다 .
   그러므로 올바른 차량침수 대응법에 대해 충분한 이해가 필요합니다.

☑ 차량 침수 운전에 대한 미온적인 대처와 안일한 행동은 귀중한 인명피해를
   가져 옵니다.

☑ 차량침수 사고는 예방이 최선책이며 문제가 발생하면 차량 내부에 머무르지
   말고 신속히 탈출해야 합니다.

☑ 물이 범람하는 하천 도로 주행은 운전자가 익숙한 도로일수록 방심을 하게
   되고 그로 인한 인명사고 비율이 높으며 탑승객 생존 확률이 아주 낮습니다.
   특히 탑승객이 많은 승합차량들은 탑승객이 전원 사망하는 사례가 많으므
   로 운전자는 절대로 무모한 행동과 판단을 해서는 안됩니다.

3장

기상 및 환경조건 대응 Driving

[날씨, 기후]

시작에 앞서

이번 장은 운전자라면 한 번쯤은 꼭 알아야 할 내용입니다. 자동차 운전을 학원에서 배우거나 도로연수운전을 할 때 통상 맑은 날씨에서 운전을 배우고 연수를 받습니다. 그러나 도로에 안개가 끼고 비가 오고 눈이 쌓이면 운전 환경에 커다란 변화가 생기지만 이를 잘 이해하지 못하고 의욕적으로 운전을 하다보면 안타까운 생사의 갈림길에 놓이는 상황이 발생하기도 합니다.

그래서 나름 경험과 바탕으로 기상, 기후 조건에 따른 올바른 차량 거동의 이해와 위험성을 솔직하고 자세하게 정리하여 신규 면허 취득자나 기존 운전자들에게 경각심과 올바른 지식의 전달로 더 이상 안타까운 교통사고가 없기를 진심으로 기원합니다.
물론 여기서 작성한 내용들이 모든 문제를 해결할 수는 없지만 조금이라도 도움이 되어 교통사고가 줄고 모든 운전자들이 무지와 무관심 속에 자신의 목숨을 담보로 운전하는 일이 없기를 당부드립니다.
끝으로 여기서 단편적으로 제시하는 위급 상황에서의 대응 요령이 모두 정답일 수는 없으며, 생사의 갈림길에서의 최종 판단은 운전자 본인한테 있음을 주지하시기 바랍니다.

빗길운전 Driving

1. 빗길 운전이란?

빗길 운전이란, 이 장에서는 필자가 생각하는 나름의 기준으로 정의하고 그것에 대한 대응 요령에 대해 정리해 보도록 하겠습니다. 인터넷 및 유튜브 자료를 검색해 보면 빗길 운전과 사고에 대한 다양한 분석과 해석을 쉽게 접할 수 있습니다. 하지만 이러한 내용들이 체계적으로 정리가 되어 있지 않아 빗길 운전에 대한 경각심 부족으로 빗길 교통사고가 종종 발생하여 인적 물적 피해를 유발합니다.

그래서 이 장에서는 차량 노면에 대한 차량 거동 특성을 정확히 이해하고 이를 실무 운전에 적용함으로써 문제가 발생하지 않도록 하는 것이 최선의 대응 방법임을 알리고자 합니다.

일단 빗길에서 차량이 통제불능 상태로 진입하면 이를 컨트롤할 방법은 없습니다. 하늘에 운명을 맡기는 수밖에 물론 여기에서 제시하는 방법들이 모든 상황에 만족할 수 없겠지만 빗길 운전의 문제점을 제대로 이해하고 관련 준비와 증후들을 사전에 파악함으로써 교통사고의 손실을 최소화할 수 있을 것으로 예단합니다.

빗길 운전이란

운전자가 Driving 하는 도로에 수분 입자들이 타이어와 노면 사이에 층이 형성된 도로를 운전자가 주행하는 것으로 상황에 따라 타이어 접지력 부족으로 인한 제동 및 조향 기능의 상실을 가져온다.

2. 빗길 교통사고 현황분석

정상적인 노면(Dry Asphalt)에서의 자동차는 운전자의 제동 및 조향 조작에 의해서 의도된 방향으로 움직입니다. 하지만 빗길에서는 상황에 따라 운전자가 의도한 대로 제동 및 조향이 되지 않습니다. 이러한 상황은 교통사고로 이어져 인적 물적 피해를 유발합니다. 그런데 빗길 운전 사고는 매년 반복되고 그에 따른 인적 물적 피해는 어느 한 개인의 문제를 떠나 국가적인 문제로 이슈화되었습니다. 물론 유관기관에서는 빗길 사고를 줄이기 위해 도로개선과 안전운전 홍보 등을 하고 있지만 생각보다 기대 효과는 낮습니다.

빗길 운전사고의 최대 예방은 운전자 인식 개선입니다. 즉, 문제점을 충분히 인지하고 상황에 적절한 운전을 한다면 빗길 사고는 예방이 가능합니다. 물론 천재지변으로 인한 사고도 있지만 빗길 사고의 90%는 운전자 과실로 발생합니다. 차간거리 미확보, 과속, 급조향, 급제동 등 빗길 사고를 일으키는 대표적인 주범입니다.

전국주요 도로
빗길사고 특성

4월, 7월, 11월
발생빈도 높음

안전속도
미 준수

안전거리 미확보
급제동/급조향
[추돌, 도로이탈, 전복]

사고 특성

1. 빗길사고는 전국도로에서 고루 발생하고, 특히 장마철인 7월에 사고 빈도가 가장 높습니다.
2. 대형사고는 주로 야간에 고속도로 및 국도에서 전방 시야가 좋지 않은 상태에서 안전속도 미준수 및 충분한 안전거리 미확보로 발생됩니다.
3. 통상에 운전자들은 빗길 감속 주행 및 안전거리 확보의 중요성을 알고 있지만, 상황에 따라 잘 지켜지고 있지 않습니다.
4. 로드킬 & 낙하물 사고가 빗길에서 발생시 문제는 더욱더 심각해집니다.

3. 빗길사고 현황 분석

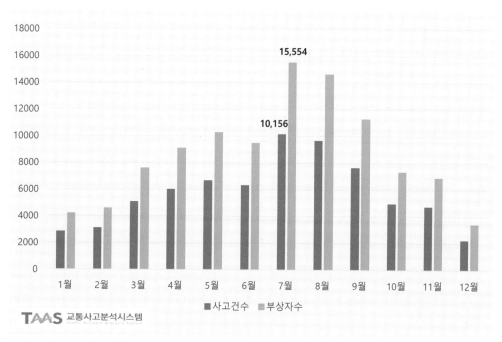

[자료출처: 도로교통공단 교통사고 분석시스템(TAAS)]

▲ 빗길 교통사고 월별 발생 현황 (2017~2021년 기준)

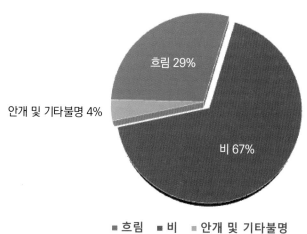

▲ 7월 기상상태별 사고 발생 현황 (2017~2021년 기준)

4. 노면 특성의 이해

먼저, 빗길 대응 운전법에 앞서 노면의 특성에 대해 이해하는 시간을 가져 보겠습니다. 이 부분에 대한 이해가 선행돼야 필자가 앞으로 이야기하고자 하는 내용에 대해 쉽게 이해할 수 있습니다.

특히 우리나라는 4계절의 날씨가 혼재된 지역으로 빗길, 눈길, 아이스노면, 아이스 슬러지(염화칼슘 사용시)와 일부 지역은 겨울철 미끄럼 방지 모래까지 살포하므로 사실 대한민국에서 운전을 한다는 것은 정말로 목숨 걸고 한다해도 과언이 아닙니다. 하지만 대부분의 운전자들은 면허를 취득하고 제대로 된 안전운전 Driving 교육없이 도로에서 실전 체험으로 배움을 습득하는 게 현실입니다.

자동차는 도로 위를 타이어라는 고무 매개체를 이용하여 움직입니다. 그러므로 타이어와 노면은 절대적인 관계이며 둘 사이에 적정한 마찰력이 형성될 때 운전자가 원하는 제동 및 조향을 할 수 있습니다. 그러므로 노면의 마찰계수가 크게 바뀌는 빗길, 눈길, 블랙아이스 노면에 대한 특성과 차량 거동의 차이점을 정확하게 이해하셔야 합니다.

다음은 대표적인 노면의 종류와 이 노면이 혼합되었을 때의 도로특징과 차량 거동에 대해 정리해 보겠습니다.

먼저 노면의 특성을 이해하기 전에 노면의 미끄러움 정도를 이해하고 그 정도를 이야기할 수 있는 차량거동에 대해 간단하게 정리해 보겠습니다.

5. 노면 특성과 차량 거동의 이해

이 장에서는 일반 운전자분들의 이해를 돕기 위해서 일상적인 느낌으로 노면 특성과 차량거동에 대해 이야기 하겠습니다. 필자는 약 20년 전 HL Mando에서 MGH-25 ABS 개발 Project에 동참하면서 노면과 차량거동의 특성 ABS의 역할과 한계 상황에 대해 많은 실전 경험을 하였고 그 뒤를 이어 ESC 시스템의 평가 및 검증을 통해 전 세계 다양한 업체의 제품 특성과 성능 한계를 몸소 체험을 하였습니다.

그래서 이 장에서는 최소한 운전자들이 도로의 노면 특성에 대한 차량 거동을 이해할 수 있도록 가능한 쉽게 설명을 드리도록 하겠습니다. 다소 내용이 전문 Engineer 입장에서 보았을 때 아쉬움이 있을 수 있습니다.

5-1 대표적인 노면의 분류

통상적인 노면의 특성에서 제동에 따른 차량거동(움직임)을 평가할 때 다양한 노면에서 진행하지만 이 장에서는 대표적인 3종류의 노면에 대해 설명을 드리도록 하겠습니다.

구 분	노 면	특 징
Homo-μ	Dry Asphalt	통상 전체 노면의 마찰계수가 동일한 노면입니다. [Dry Asphalt, 빗길, 눈길, 아이스 노면, 흙길, 모래살 포길 등]핸들을 Keeping하고 직진제동시 노면에 따른 제동 거리에 영향은 있지만, 급격한 차량 쏠림 현상은 없습니다.
Split-μ	Dry Asphalt 다진 눈길	바퀴가 접하는 좌/우측 노면에 마찰계수가 다른 조건입니다. [왼쪽은= Asphalt/오른쪽은= 눈길] 차량이 핸들을 Keeping 하고 주행하면 차량은 가능한 직진방향 유지. 단, 제동시 급격히 Asphalt 노면으로 차량 쏠림 발생 → 심하면 Spin-out(통제 불능)
체이스 노면		Split 노면과 유사하지만 노면에 마찰계수가 크고 작은 값들이 좌/우에 혼재된 노면으로 이런 노면에서 제동시 차체는 어느 방향으로 쏠릴지 예측이 불가능한 상태가 됩니다.

6. 노면 특성과 제동거리의 이해 [Homo 노면]

하기그래프는 자동차 시험장에서 평가한 노면별 제동거리 특성을 이해하기 쉽도록 평균 데이터를 가지고 작성한 그래프 입니다.

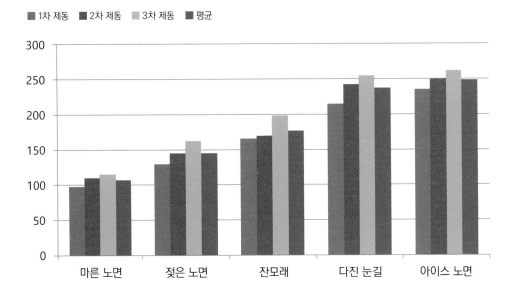

■ 1차 제동　■ 2차 제동　■ 3차 제동　■ 평균

[일반적인 평가조건 : 운전자 1인탑승/ ABS 非작동/ 1차 제동 후 휴지타임 1분 / 중형 승용차]

▲ 95~100Km/h 주행중 Full 제동거리(m)

☞ 상기 데이터는 일반 운전자들의 이해를 돕기 위해 과거 필자가 평가한 자료들 중 대표성을 가지는 값들을 이해하기 쉽게 그래프화한 내용입니다.

7. 제동거리와 감가속의 이해 [Homo 노면]

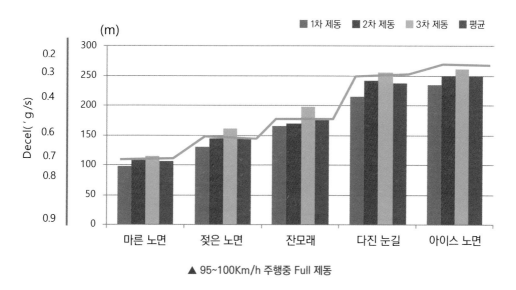

▲ 95~100Km/h 주행중 Full 제동

　통상적으로 제동거리는 제동 횟수가 증가할수록 브레이크 패드, 타이어 온도상
승으로 약간의 제동거리 편차가 발생합니다. 하지만 노면별 제동거리는 확연하게 구
분이 됨을 알 수 있습니다. 그리고 감가속 평균치가 클수록 전반적인 제동거리는 감
소하고 감가속 평균치가 작을수록 제동거리는 증가하는 특성을 보입니다. 즉, 차량
에서의 감가속 특성(제동거리는) 노면에 민감한 특성을 보이는 것을 확인할 수 있습
니다.

※ ABS와 제동거리: 통상 ABS 제동거리는 CBS(Non ABS) 대비 동등하거나, 다소 길어질 수 있습니다. 그래서 ABS를
　　과신하면 안됩니다. ABS 핵심기능은 제동시 노면의 마찰계수 특성에 따른 차량 쏠림을 최소화하고
　　급제동 조건에서의 바퀴 슬립율을 제어하여 회피조향을 가능케 합니다.

8. 노면의 마찰계수가 낮은 노면에서, 왜 교통사고가 자주 발생할까요?

사실 노면이 눈길이고 미끄럽다고 차량사고가 잘 나는 것은 아닙니다. 우리나라보다 더 극한 조건의 날씨를 가지고 있는 나라의 운전자분들도 정상적으로 안전하게 운전을 하고 일상 생활을 합니다.

물론 정상적인 노면보다 좀 더 주위를 기울이고 도로 상황에 맞는 적절한 감속 차간거리유지 등이 선행되었을 때의 이야기입니다.

정상적인 차량에서 대표적인 사고의 특징은 크게 아래 2가지로 표현될 수 있습니다.

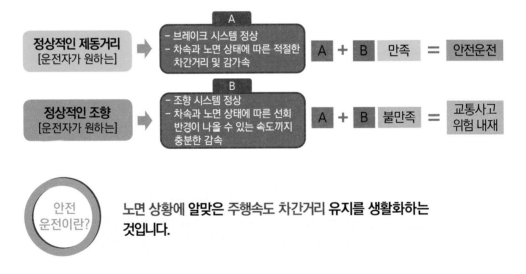

9. 빗길 사고 관련 대표적인 차량 거동

앞서 각각의 노면들에 대한 제동특성과 거동에 대해 정리해 보았습니다. 사실 자동차 평가를 위한 노면은 규격과 마찰값이 정해져 있고 관리를 통해 그 값들이 항시 유지되도록 합니다.

이유는 반복시험 및 비교평가 시 그 결과는 노면의 상태에 따라 크게 좌우되므로 성능 평가에 대한 신뢰성을 유지하기 위해서는 필수 조건입니다. 하지만 도로는 그러한 규정이 없습니다. 즉 위에 설명드린 노면들이 종합선물 셋트처럼 깔려 있고 때로는 예상치 않은 날씨 환경에 위의 조건들이 혼재되어 있는 극한의 상황도 존재합니다. 특히 국내 도로는 통상 1~3월과 11~12월에는 비와 눈, 아이스, 아이스 슬러지, 제설모래 등이 혼합된 노면이 생기는 경우가 발생합니다.

그러므로 실제 운전자가 도로에서 운전하는 환경은 상황에 따라 예측이 불가능하고 그로 인해 대형 사고의 원인이 됩니다.

다음은 빗길에서 발생할 수 있는 대표적인 차량 거동 특성에 대해 설명을 드리겠습니다. 빗길 과속은 대형사고의 대표적인 주범입니다.

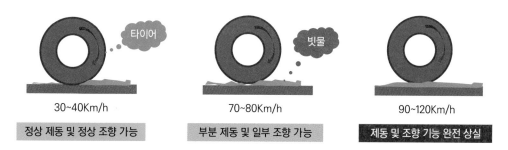

Hydroplaning [수막현상]

차량이 고속으로 빗길을 주행하면 타이어와 노면 사이의 머물고 있는 물 때문에 타이어가 노면에 접하지 않고 물위로 뜬 상태가 되는 현상

30~40Km/h	70~80Km/h	90~120Km/h
정상 제동 및 정상 조향 가능	부분 제동 및 일부 조향 가능	제동 및 조향 기능 완전 상실

차량에서 안전 운전의 가장 핵심은 제동성능과 조향성능입니다. 운전자가 원하는대로 멈추고 운전자가 원하는 방향으로 어떠한 노면, 어떠한 속도에서도 이 문제

가 해결된다면 문제가 없겠지만 아직 현재 기술로는 불가능한 상황입니다.

통상 제동거리는 노면의 마찰력과 제동 압력에 의해서 결정됩니다. 그러므로 운전자가 브레이크 사용시 노면 특성에 따른 충분한 안전거리와 감가속도를 유지한다면 특별한 문제는 발생되지 않습니다.

하지만 차량의 조향특성은 일정 한계 상황에서 운전자 의지에 관계없이 만들어지는데 이 특성이 바로 Under Steer 특성과 Over Steer 특성입니다. 이 특성을 이해해야 앞으로 필자가 이야기 하고자 하는 내용에 대해 쉽게 이해할 수 있습니다.

10. 차체의 진행 방향과 타이어 진행 방향의 이해

먼저 차량의 조향 성능 또는 조향이 잘 된다라고 이야기할 때 이 말은 차체(Body)의 조향 성능을 이야기합니다. 이유는 사람의 신체는 차체 위에 설치된 의자에 앉자 있으므로 차체가 움직이는 방향은 운전자의 신체가 움직이는 방향과 같기 때문입니다.

가장 이상적인 조향이고 모든 조건에서 이러한 이상적인 조향이 되어야 하지만 현실은 기술적 한계로 문제의 영역이 존재합니다. 그러므로 모든 운전자들은 자신이 운전하는 차량의 조향 특성을 어느 정도 이해하고 그 한계 영역을 넘지 않는 조건에서 운전을 해야 안전이 보장됩니다. 그래서 고속도로나 국도에 보면 "급커브 절대 감속" 눈, 비 올때 30km/h 이하로 서행하세요. 등등 안전표지판이 설치되어 있습니다.

이유는 단 한 가지 현재 여러분이 주행하는 도로에서 운전자가 원하는 방향으로 차량이 주행할 수 있는 최고 속도는 30km/h 이하입니다. 그 이상 속도에서는 당신이 원하는 방향으로 차량이 주행하지 않을 수 있습니다!

즉, 노면의 마찰계수와 도로 궤적(선회반경)에 따라 차종에 관계없이 모든 차들이 안전하게 선회할 수 있는 차속에 평균값을 표시한 내용입니다. 이 속도로 주행하면서 조향을 하면 원하는 궤적으로 차량이 주행할 수 있습니다.

만약 여러분이 위와 같은 도로에서 그 이상의 속도로 주행한다면 이 장에서 필자가 전달하고자 하는 조향 특성 중 본인이 운전하고 있는 차량의 정확한 Under 또는 Over Steer를 직접 체험할 수 있습니다.

단, 차량 손상 및 예상치 못한 교통사고는 감수해야 합니다. 그럼 이제부터 차량 핸들링 거동에 가장 중요한 특성을 한 가지 설명 드리겠습니다. 바로 Under Steer & Over Steer 그리고 Neutral 특성입니다.

통상적으로 차량을 설계할 때 이상적인 조향은 Neutral 특성입니다. 즉, 운전자가 요구하는 이상적인 특성이기 때문입니다. 그런데 차량은 다양한 노면에서 운전을 하고 구동 특성과 (전륜구동, 후륜구동, 사륜구동)무게 중심 그리고 전후 바퀴 하중 분포가 모두 다릅니다.

그러다 보니 직진 주행할 때는 문제가 없지만 관성의 법칙에 의해 탄력을 받고 앞으로 가는 차체(Body)를 좌·우 측으로 변환하고자 할 때 문제가 발생합니다. 즉 운전자가 가고자 하는 방향으로 핸들을 꺾으면 일단 직진 방향의 타이어가 운전자가 요구하는 방향으로 꺾이게 됩니다. 이때 차체는 관성에 의해 앞으로 가려고 하고 타이어는 운전자가 시키는 방향으로 갈려고 버티는 상황 그 사이에 타이어와 노면 사이에 슬립 즉 타이어가 미끄러지는 현상이 생깁니다. 이것을 전문용어로 '슬립 앵글'이라고 표현합니다. 그래서 영화에서의 차량 추격장면중 급조향시 "끼이익" 타이어 소음이 심하게 나는 경우가 바로 이 현상 때문입니다.

이때 타이어가 심하게 마모됩니다. 타이어는 운전자편이라 어떻게 해서든지 운전자가 요구하는 방향으로 차체를 돌리고자 하는데 탄력이 붙은 차체는 쉽게 말을 듣지 않습니다.

이 슬립앵글은 통상적으로 노면과 타이어의 마찰력 그리고 차량 회전 반경이 작은 경우(급조향)에 크게 발생합니다. 그리고 이때 차량 전륜과 후륜 바퀴 중에 어느쪽 바퀴의 슬립앵글이 더 크냐에 따라 Under Steer & Over Steer 특성이 결정됩니다.

> 전륜 슬립앵글 = 후륜 슬립앵글 = Neutral Steer

> 전륜 슬립앵글 〉후륜 슬립앵글 = Under Steer

> 전륜 슬립앵글 〈 후륜 슬립앵글 = Over Steer

※ 통상적으로 슬립앵글이 클수록 타이어의 사이드 밀림량은 증가하고 이는 운전자가 기대하는 주행 방향으로 차량이 잘 조정되지 않아 심한 경우 도로이탈 장애물 충돌과 같은 사고가 발생될 확률이 높습니다.

그럼 그림을 통해서 타이어의 슬립앵글과 Under Steer & Over Steer 특성에 대해 정리해 보겠습니다.

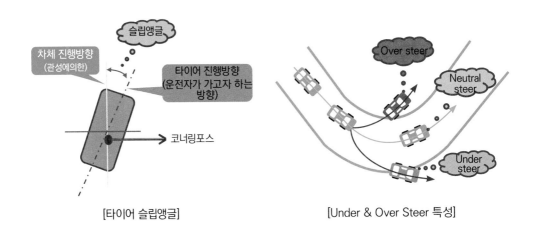

[타이어 슬립앵글] [Under & Over Steer 특성]

통상적으로 FF(전륜구동) 차량은 코너링 구간에서 어느 한계점(슬립앵글)을 벗어 나면 강한 Under Steer 특성을 보이고 FR(후륜구동) 차량은 상기 조건에서 강한 Over Steer 특성을 보입니다. 그래서 운전자 입장에서는 운전자 요구방향 Neutral steer 를 유지하기 위해서 서로 반대 방향으로 핸들을 돌리거나 풀어야 합니다. 즉, Under Steer 시에는 핸들을 더 안쪽으로 돌려야 하고 Over Steer 핸들을 코너 바 깥쪽 방향으로 풀어 주어야 합니다.

※ 복잡한가요? 쉽게 코너를 돌다가 앞바퀴가 먼저 미끄러지면, 언더스티어/ 뒷바퀴가 먼저 미그러지면 오버 스티어
※ 슬립앵글이 증가하여 한계치를 넘으면, 타이어는 사이드 방향으로 미끄러지면서 회전을 하고 그에 따른 선회 반경은 커 집니다.(Under 조건에서)

10-1 빗길 사고 관련 대표적인 차량 거동 [Under Steer 특성차량]

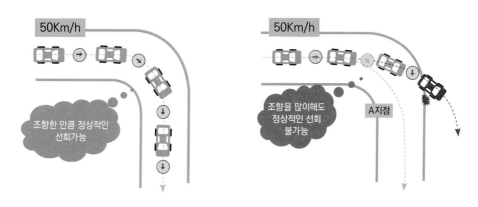

[그림 A : 정상노면 코너링 주행]　　　　　[그림 B : 빗길노면 코너링 주행]

앞서 슬립앵글과 언더&오버스티어 특성에 대해 설명을 드렸습니다. 정상 노면 에서는 선회 반경에 적정한 정상적인 속도로 주행 시 타이어의 슬립 앵글은 작습니 다.(핸들을 조금만 꺾어도 차체가 타이어 방향으로 움직이기 때문에 즉 타이어와 노면에 마찰계 수가 높아 직진하려는 차체 관성을 타이어가 미끄러지지 않고 차체가 쉽게 타이어 방향으로 당겨 지기 때문에)

예를들어 줄다리기할 때 고무 바닥에서 줄을 당기면 상대를 쉽게 당겨 올 수 있는 것처럼, 하지만 그림 B 처럼 빗길에서는 동일한 속도에서 핸들을 꺾어도 노면이 미끄러워 타이어가 차체를 타이어 방향으로 쉽게 당기지 못하고 옆으로 미끄러집니다.

그러면 운전자는 핸들을 더 조향하게 되고 그로 인한 사이드 슬립 앵글은 증가합니다. 이러는 사이에 차량은 원하는 괘적을 돌지 못하고 차로에서 이탈하여 사고를 일으킵니다. 빗길, 눈길, 아이스 노면에서 선회 중 발생되는 대부분의 사고는 이 문제 때문에 발생합니다. 일단, 차량이 도로를 이탈하면 상황에 따라 경계석 또는 가드레일을 받고 전복되거나 인도로 돌진하여 인명 사고를 발생시킵니다.

필자가 앞서도 강조했지만 차량이 도로를 이탈하거나 스핀아웃이 진행되면 이를 회복시킬 방법은 없습니다. 충격이 최소화되게 해달라고 하늘에 기도를 하는 수 밖에…!

※ 상기 내용은 Under Steer 차량의 특성을 기준으로 설명을 했으며, 오버스티어 차량은 차량이 A지점 안쪽으로 말려들어와 충돌사고가 발생합니다.

11. 미끄러운 노면에서 운전자를 도와주는 장치들

앞서 우리는 마찰력이 낮은 노면에서 운전을 한다는 것이 운전자한테는 상당히 부담 스러운 존재임을 배웠습니다. 이러한 운전 조건에서 모든 것을 운전자한테 맡기기에는 상당히 부담스러운 일입니다.

운전자들은 운전 경험과 위험 사항 인지 능력 및 대응능력도 모두가 다릅니다. 그래서 누가 운전을 해도 감지 시스템을 이용하여 미끄러운 길에서 위험 증후가 나타나면 신속히 개입하여 운전자를 돕는 시스템이 개발되어 이제는 대부분의 차량에 기본으로 장착되어 있습니다.

그래서 이 장에서는 빗길 대응 운전법을 배우기 전에 운전자를 도와주는 미끄럼 제어 시스템들의 작동의미와 한계점을 정확히 이해하는 시간을 갖도록 하겠습니다. 추가로 차량 미끄럼 제어 시스템에 대해 좀 더 자세한 내용을 알고 싶은 운전자들은 인터넷을 검색 또는 유튜브를 통해 공부를 하기 바랍니다. 본 책에서는 일반 운전자들이 가능한 쉽게 이해할 수 있도록 전문적인 내용을 풀어서 간단하게 설명을 드리겠습니다.

대표적인 미끄럼 제어를 통해 운전자를 도와주는 전자제어 브레이크 장치의 기능은 다음과 같습니다.

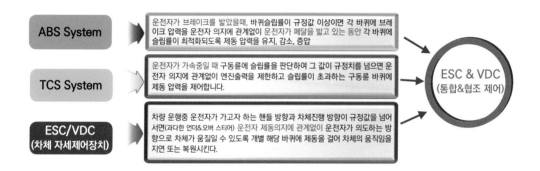

그렇다면 이 장에서는 실제 노면에서 이러한 시스템들이 어떻게 작동하는지 그림을 보면서 설명을 하도록 하겠습니다.

앞서 공부한 Split 노면에서 운전자가 핸들은 조향하지 않고 급브레이크를 밟으면 ABS가 작동되는 차량과 고장 또는 비작동되는 차량의 차체 거동의 형태를 그림으로 표현하였습니다.

11-1 ABS System

[ABS 정상작동차량]   [Non ABS 또는 ABS 고장차량]

위에 그림을 보면 ABS 장착 차량은 Split 노면에서 제동시 눈길 위에 바퀴는 운전석 바퀴보다 마찰력이 낮아 쉽게 Locking 되고(바퀴가 굴러가지 못하고 잠기는 현상 =Non ABS 차량에서 급제동시 바닥 스키드마크의 주 원인)이로 인해 차체는 급격히 아스팔트 노면으로 선회하려는 쏠림현상(Yaw 모멘트)이 발생합니다. 그래서 이런 조건이 되면 ABS는 각 바퀴의 속도를 운전자 제동 의지와 상관없이 압력을 제어하여 슬립률을 비슷한 영역으로 제어합니다.

그렇게 되면 쏠림현상(Yaw 모멘트)은 최소화됩니다. 이때 ABS가 브레이크 압력을 유지, 감압, 증압을 수시로 제어하기 때문에 운전자는 브레이크 페달을 통해서 그 진동을 느낄 수 있습니다(Kick-Back 현상). 그리고 최근에 차량들은 브레이크 페달감을 좋게 하기 위해 Kick-Back 현상이 올라오지 못하도록 한 차량도 있습니다. 즉, ABS는 운전자가 브레이크를 밟지 않으면 절대 스스로 작동하지 않습니다.

☞ 필자생각: 필자는 겨울철이 되면 안전한 곳에서 낮은 속도로 ABS를 임의로 작동시킵니다. 이유는 일년 동안 잠자고 있는 ABS 시스템 작동 확인 및 관련 부품들을 Wake-up 시키기 위해서 사실 필자도 거의 ABS 작동되는 영역에서 운전을 하지 않기 때문에 혹시나 하는 생각에 첫눈이 내리면 ABS 작동 워밍업을 시킵니다. 혹시 진짜로 중요할 때 작동이 안되거나 작동 중 고장나면 황당할 것 같아서 여하튼 참고만 하시고 운전 초보자 분들은 흉내 내지 마십시오.

11-2 ESC&VDC System

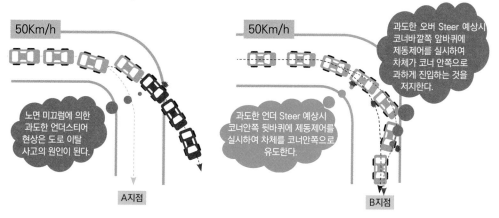

[그림 A: ESC 고장 또는 챠작동시 빗길 코너 주행]　　[그림 B: ESC작동시 빗길 코너 주행]

상기 그림은 운전자의 이해를 돕기 위해 50Km/h속도로 코너 주행시 차량이 노면의 마찰력이 낮아 과도하게 언더스티어 방향으로 밀려나간다는 설정하에 만든 자료입니다.

즉, 차량이 미끄러운 노면에서 코너를 주행시 차량 특성 및 노면 특성과 결부되어 Under & Over Steer 현상이 발생하고 이를 감지한 제어기가 사전에 설정한 해당 바퀴에 제동을 걸어 과도한 Under 와 Over Steer를 제한하여 가능한 운전자가 원하는 방향으로 차량이 주행할 수 있도록 도와줍니다.

이는 운전자의 제동 의지와 전혀 관계가 없으며 차량 주행 중 제어 요건이 성립되면 우선적으로 작동합니다. 그로 인해 운전자가 전혀 대응할 수 없는 초반에 발생되는 불안전한 거동을 신속하게 지연 또는 Assist 하여 운전자가 원하는 방향으로 차체가 수습될 수 있도록 도와줍니다.

12. 빗길 사고 관련 대표적인 차량 거동 [Under/Over Steer Control]

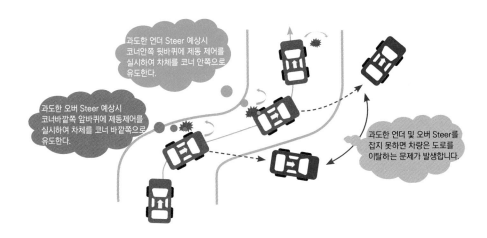

이렇듯 ESC 시스템은 차량 모델값에서 얻어지는 이상적인 주행 괘적값과 실제 주행 상황에서 얻어지는 차량 거동값을 비교하여 그 값이 크다고 생각하면 (과다한 언더&오버 Steer) 사전에 정의된 바퀴에 실시간으로 제동제어를 실시하여 차량 자세를 제어합니다.

그렇다면 이러한 전자제어 자세 시스템은 어느 선까지 안전한 운전을 보증 할까요? 필자의 생각은 그것은 '아무도 모른다'입니다.

즉, ESC는 운전자가 미처 판단하지 못하는 순간에 발생하는 언더&오버 스티어 상황에서 신속하게 판단하고 제동제어를 통해 운전자를 Assist 하여 자세 수습을 도와주지만 그것으로 사고를 피할 수도 있고 그렇지 않을 수도 있습니다.

실제 도로에서의 운전 상황은 여러가지 요소들과 복잡하게 얽혀 있어 현재로서는 이 많은 조건을 ESC가 커버할 수 없는 기술적인 한계점을 가지고 있습니다. 그래서 운전자 매뉴얼을 보면 ABS 및 ESC 시스템은 운전자 보조제어 시스템으로 이를 과신한 운전은 하지 마십시오.

'안전을 보장 받지 못합니다'라고 대부분 명기되어 있습니다.

13. 전자 제어 미끄럼 장치 OFF 란

이번에는 이러한 전자제어 미끄럼 제어장치 OFF 기능에 대해 정확하게 정리해 보겠습니다. 왜 ESC 또는 VDC OFF 스위치가 있을까요, 그리고 이 스위치는 언제 사용할까요?

유튜브 및 각종 인터넷 자료에 이 부분을 설명한 내용들이 많이 있지만 이 장에서는 필자가 과거에 혹한기 Winter test에서 다양한 차종의 ESC를 평가하면서 확인된 부분을 기반으로 설명하겠습니다.

먼저 현재 시판되고 있는 차량들의 ESC OFF 방법에 대해 간단하게 정리해 보겠습니다.

구 분	해제조건	대표적인 회사	비고
버튼 방식	별도로 설치된 버튼을 짧게 또는 길게 누르는 방법으로 ESC를 해제할 수 있다.	현대, 기아, BMW	ESC OFF시 클러스터에 ESC경고등 점등
메뉴방식	고정된 스위치 없이 클러스터 또는 네비 화면을 통해 ESC 해제가 가능합니다.	현대 중형차이상 BMW 신형차	
지령 방식	브레이크 페달·액셀 페달 ON/OFF 횟수 및 작동 순서에 의해서 ESC 해제가능	토요타, 폭스바겐 르노코리아자동차	
휴즈 제거	해제 버튼 고장 또는 해제 방법이 별도로 없는 차량을 강제로 해제 하고자 할 때	----	

※ 전자제어 자세제어장치: 일명 ESC, VDS, DSC는 모두 동일한 시스템입니다. 단, 그 명칭을 자동차 회사마다 다르게 표현한 것뿐입니다. (마트에서 판매되는 라면의 이름이 다양한 것처럼)

다음은 일반 운전자들의 이해를 돕기 위해 대표적인 ESC OFF 방식에 대해 설명하겠습니다.

1) 현대/기아자동차

구분	NO	해당차량	비고
현대/기아	1	DH (제네시스)	매뉴 방식
	2	HG (그랜저)	
	3	스포티지(신형)	스위치방식
	4	K5	
	5	HD (아반테)	

현대 차량은 ESC 해제 방법이 크게 매뉴 방식과 스위치 방식으로 되어 있으며 그 내용이 사용자 매뉴얼에도 잘 나와 있어 특별히 어려움 없이 해제가 가능하다. 차종이 달라도 차량별로 해제 방법이 대부분 동일하므로 비교적 쉽게 운전자가 ESC를 해제할 수 있습니다.

특히 매뉴 방식에서는 운전자의 선택에 따라 TCS만 단독으로 OFF 가능하도록 한 차량도 있습니다. 하지만 통상적으로 ESC를 OFF 하면 TCS+ESC 시스템이 작동되지 않습니다. 단, ESC 를 OFF 해도 ABS 장치는 정상적으로 작동합니다.

현재까지 판매된 차량에서 운전자가 필요에 따라 ABS 기능을 해제할 수 있게 만들어진 차량은 없습니다. ABS 시스템은 엔진 시동과 함께 디폴트로 작동됩니다. 단, ABS 시스템 이상으로 경고등 발생시 ABS는 작동되지 않습니다.

※ 참고로 요즘 차량들은 ESC 안에 ABS+TCS 기능이 모두 포함되어 통합제어를 실시합니다.

2) 르노삼성/GM/쌍용

구분	NO	해당차량	비고
르노/쌍용/GM	1	SM6 / QM6 / 르노클리오(2018) /XM3	지령 방식
	2	쌍용자동차 차량	스위치/기타
	3	말리부 2.0 디젤(2015)	스위치 방식
	4	쉐보레 카마로(2013	
	5	아베오 1.4 휘발유(2015)	

3) 대표적인 수입차량

구분	NO	해당차량	비고
수입 차량	1	벤츠 S350	매뉴 방식
	2	BMW 735LI(760Li/730Li/740Li)	
	3	BMW 320i(Z3/528i/320d)	스위치 방식
	4	폭스바겐(Passat CC/Golf/Polo/Jetta/Beetle) 아우디 A6 35 TDI	지령 방식
	5	렉서스 ES350 [동일차종 캠리 2008년식]	
	6	렉서스 ES300h 하이브리드[CT200h,Nx300h]	

ESC 해제 방법은 생각보다 다양하고 복잡한 차량들이 많습니다. 그러므로 이 장에서는 대표적인 차량의 해제 방법을 예를들어 설명하겠습니다. ESC 해제 스위치는 자동차 회사들마다 제품 설계 Concept이 모두 다르므로 어떤 차량들은 운전자가 임의적으로 해제할 수 없도록 만들어 놓은 차량도 있습니다.

하지만 ESC OFF 스위치는 일반 운전자들이 사용할 일은 거의 없으나 자동차 종합검사시에 2WD 차량은 ESC를 OFF 하지 않으면 다이나모 롤러 위에서 부하모드 배출가스 검사를 하지 못하므로 이 기능은 필수에 가깝습니다.

대표적인 지령타입 ESC OFF 방법 (폭스바겐 파사트 CC)

1) IG ON (스마트 키를 확실하게 깊게 삽입합니다. 시동키 눌러지기 전까지)

2) 비상등을 ON (ESC OFF 중 점등유지)   3) 브레이크 ON/OFF (마지막 OFF)

 OFF유지

4) 액셀 페달을 깊게 5번 밟았다 놓습니다. (마지막OFF)

와! 이렇게 복잡하게 ESC OFF 방법을 숨겨 놓은 이유는 누구나 쉽게 OFF 하지말고 꼭 어떤 목적에서 필요한 사람만 하라는 의도입니다.

1번	2번	3번	4번	5번

5) 브레이크 ON 상태에서(유지) + 엔진시동   +

6) ESC OFF 진입 성공 시 클러스터에 ESC 경고등 점등

ESC 스위치 OFF

전문가 집단

1. **자동차 연구원**
제품개발&경쟁사 성능 평가 시 ESC OFF/ON 상태 비교를 통한 성능 개선, 문제점 확인 [필자의 과거 직업]

2. **자동차 검사원**
자동차 종합검사시 2WD 동력계에서 구동륜만 구동시 ESC를 OFF하지 않으면 검사 불가 [필자의 현재 직업]

3. **자동차 전문 Driver**
최상의 운전자 Driving Skill 구현을 위해서 차량에 장착된 ESC OFF 기능 필수

일반 운전자

1. TCS 기능을 해제하고자 할 때 통상적으로 ESC OFF 스위치가 작동되면 TCS 기능이 해제됩니다.(일부 차종은 TCS 기능만 별도 OFF 가능)

2. 급격한 코너 Driving에서 드리프트 기능을 구현하고자 할 때(단순한 호기심에 일반도로에서 코너링 드리프트 기능을 구현하는 행동은 절대로 해서는 안되며, 이러한 행동은 목숨을 담보로 하는 행위입니다.)

Warning

통상적으로 ESC를 OFF 해도 제어 시스템에 문제가 없다면 ABS 기능은 항시 작동을 합니다.
그리고 이유 여하를 막론하고 일반 운전자가 ESC 기능을 OFF하고 주행을 하거나Driving Skill을 연습하는
일은 절대로 없어야 합니다. 또한 필자 경험상 어쩌다 한두 번은 ESC OFF 후 Driving의 짜릿함을 느낄 수
있을지 모르겠지만 이는 어느 한 순간 엄청난 교통사고를 유발합니다.

또한 ESC 시스템을 과신하고 과격한 Handling은 절대로 금물입니다. 그 누구도 당신의 안전을 보장해
주지 않습니다.

14. 빗길 드라이빙 대응 방법

앞서 우리는 빗길 및 주행 노면에 대해 전반적인 특징과 이런 노면에서 운전자를
Assist 해주는 ESC 시스템에 대해 그 특징과 작동 원리에 대해서 간단하게 공부를
하였습니다.

이 장에서는 아무리 주의를 기울여 운전을 해도 인간이 신이 아닌 이상 예상치
못한 최악의 운전 환경에 접할 수 있습니다. 필자 또한 그런 환경에서 천당 문앞까
지 갔다 왔었습니다. 그래서 혹시 이런 환경에서 운전자의 충격을 최소화할 수 있
는 대응 시나리오 2가지 상황에 대해서 간단하게 정리해 보겠습니다.

상황1 : 삼거리 우회전 코너 진입중 언더스티어 과도 현상으로 차체가 불안할 때
(Under Steer 특성차량)

 운전자가 가고자 했던 진행 방향

 과도한 언더스티어 발생 예상으로
진로 변경을 시도하여 탈출하는
방향

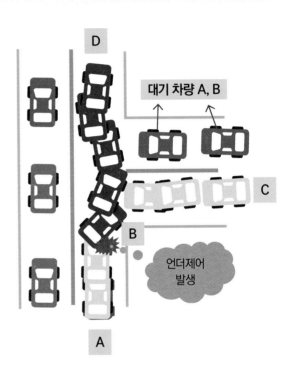

사실 이런 운전 상황을 절대로 만들면 안됩니다. 우회전 코너 진입시 날씨 및 기상에 알맞은 속도로 적절하게 감속한 뒤 ESC가 작동되지 않는 상황에서 우회전이 선행되어야 합니다.

하지만 의도하지 않게 감속이 지연되어 우회전 시도 중 B 지점에서 ESC가 민감하게 개입을 한다면 무리해서 C 지점으로 가기보다는 차량 자세제어 수습이 용이한 D 지점으로 경로를 바꾸어 빠져 나가는 것이 좋습니다.

만약 무리하게 C 방향으로 탈출을 시도한다면 대기차량 A, B와 충돌을 피하기는 어렵습니다.

15. 빗길 드라이빙 대응 방법

상황2 : 코너에 진입하는 순간 의도하지 않게 과도한 Under 또는 Over Steer 발생시

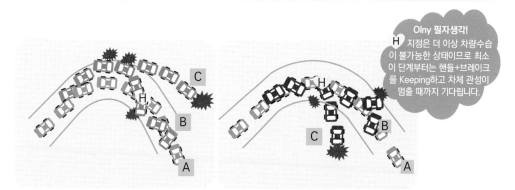

Olny 필자생각!
H 지점은 더 이상 차량수습이 불가능한 상태이므로 최소 이 단계부터는 핸들+브레이크를 Keeping하고 차체 관성이 멈출 때까지 기다립니다.

[그림 A: 빗길 코너 주행 초기에
Under Steer로 시작할 때]

[그림 B: 빗길 코너 주행 초기에
Over Steer로 시작할 때]

위에 그림 A와 그림 B는 빗길 코너링 주행시 통상적인 차량 특성에 의해서 발생될 수 있는 이상적으로 주행하는 A차량 궤적과 도로 이탈 및 사고로 이어지는 B, C차량 궤적으로 구분하였습니다. 필자의 경험으로 보면 코너링 초반에 위험을 느낀 운전자는 제동과 함께 조향을 실시하고 있을 때 차량의 특성, 속도, 노면의 상태 등에 따라 Under Steer 특성과 Over Steer을 가지게 되고, 이때 ESC는 신속히 협조 제어가 개입하여 가능한 그림 A와 그림 B 상황에서 차량을 이상적인 궤적 A로 주행할 수 있도록 각 바퀴에 독립적인 제동 제어를 통해 차체를 유도하지만 노면 상태 및 차량 운전 조건에 따라 최악의 경우 B 또는 C 궤적 중 하나의 결과를 가지게 됩니다. 이런 경우 가능한 운전자는 차체의 관성력을 최소화하고 차체를 신속히 수습하는것이 중요합니다.

그렇다면 이런 극단적인 상황에서 ESC와 운전자가 사고를 피하기 위해 고전분투할 때 나름 최선의 방법은 무엇일까요? 운전자가 브레이크 페달 압력을 줄이고 핸들을 좌·우로 돌려 회피 운전을 해야 할까요? 그 답은 누구도 이야기 해줄 수 없습니다. 그 상황이 너무도 다양하고 어떠한 방법도 차체가 심하게 돌거나 튕겨 나가게 되면 즉 차체가 Spin-Out 영역에 진입하면 최고의 ESC와 최고의 운전자도 차량 수습은 불가능합니다. 단, 필자는 이런 상황에서 경험상 한 가지만 택합니다. 즉, 상기와 같은 상황에서 제동을 유지하고 (ESC ON 상태) 부분적인 핸들 조향으로 짧게 차체를 수습하지만 수습 한계를 벗어난다고 판단되면(Spin-Oout) 핸들+브레이크를 Keeping하고 그 다음은 하늘에 맡깁니다. 필자 경험상 추가적인 핸들 조작과 운전자의 브레이크 답력 제어는 더 안좋은 결과를 초래할 수 있습니다.

16. 빗길 운전에서의 타이어 중요성

사실 타이어는 모든 노면에서 제동, 조향에 아주 중요한 기능을 합니다. 그런데 빗길에서는 제동+조향+차량의 주행 안전성에 커다란 영향을 가져옵니다. 마모된 타이어를 가지고 고속주행시 가장 위험하고 불리한 도로가 빗길입니다.

운전자가 조향을 하지 않아도 어느 순간에 차선을 이탈하고 전혀 통제가 되지 않는 현상 Hydroplaning 현상(수막현상) 때문입니다. 그래서 이 장에서는 이 부분에 대해 다시 한번 짧게 정리하고 가겠습니다.

빗길 운전에서 타이어의 마모 상태는 정말로 중요합니다. 신품 타이어를 교체했다고 과속을 해서는 안되겠지만 타이어 마모가 심한 차량을 평소 운전하는 속도로 빗길을 운전하는 것은 정말로 위험한 행동입니다.

■ 그루브(Groove): 타이어가 빗길을 지날 때 배수를 돕는 역할을 합니다. 이 중 타이어 중심에 세로로 굵직하게 들어간 것을 '메인 그루브'라고 하는데 최대한 많은 물을 배출하는 역할을 합니다.

■ 서브 그루브: 타이어 좌·우 방향으로 배수가 원활하게 될 수 있도록 메인 그루브를 돕는 역할을 하며 직진 주행 시 더 강력한 그립력을 발휘할 수 있도록 도와 줍니다. 그루브는 그 폭이 넓을수록 빗길에서 주행 성능이 좋아지지만 너무 넓으면 제동력과 코너링 성능이 약해지는 특성이 있습니다.

■ 블록(Block): 타이어의 견인력과 제동력, 코너링 성능과 관련이 있으며, 일반적으로 블록이 크고 블록간 거리가 넓은 트레드일수록 오프로드 성능이 강한 RV차

[자료및 사진 출처: 금호타이어 블로그 홈페이지]

량용 타이어이고 블록이 세밀하고 사이프가 많은 타이어는 일반 승용차용 타이어 입니다.

■ 사이프(Sipe): 타이어 좌·우에 대칭으로 설치되어 있으며 주행 중 노면과의 접지력 증가에 도움을 줍니다.

※ 마모된 타이어는 물 배수 능력이 지극히 감소되고 그로 인한 제동, 조향, 주행 안정성에 문제가 발생합니다.

17. 빗길 운전 정리

마지막으로 이 장에서는 최대로 중요한 내용을 요약하여 빗길 운전 관련 일반 운전자들이 알고 있어야 할 내용에 대해 정리를 해보았습니다. 우리나라는 기상상황에 따라 다소 차이는 있지만 노면이 물로 젖어 있는 날이 1년 내내 존재합니다.

물론 계절에 따라 그 차이는 있으나 겨울철에는 눈이 녹아 바닥에 물이 고이고 여름과 가을철에는 장마비와 기습 폭우로 도로가 물바다가 되기도 합니다. 겨울철에는 여름처럼 폭우는 없지만 그에 상응하는 폭설이 내리고 눈이 녹으면서 낮에는 물길, 밤에는 빙판길로 바뀌어 심각한 교통사고를 유발합니다.

그래서 이 장에서는 빗길에 일반 운전자들이 최소한 지켜야 할 사항에 대해서 다시 한번 정리해보겠습니다.

빗길 교통사고 특징
- 4계절 발생함 → 7월, 8월 최다
- 발생장소, 시간, 계절 구분없음
- 1차 빗길 사고 → 2차 추돌사고 유발
- 차량 속도가 높을수록 쉽게 발생함
- 빗길 및 운전 상황에 따라 제동 및 조향기능 상실 정도가 다름
- 코너 구간 선회, 급제동, 회피 조향시 사고발생 빈도 높음

1 자동차 정비 철저
타이어, 윈드실드와이퍼, 등화장치, 에어컨

2 전방시야 확보
전조등 점등, 전면창 및 좌·우 미러 시야 확보

3 충분한 감속 운행
Normal한 비 20%, 폭우 50% 감속운행
충분한 차간거리 확보, 무리한 끼어들기식 차선변경, 급제동, 급선회 자제

4 충분한 조심운전
물웅덩이 통과 시 충분히 감속하고 핸들은 필히 양손파지 핸드폰 사용금지, 제동 시 가능한 몇번에 나누어서 감속 제동 실시

눈길, 빙판길 Driving

1. 눈길, 빙판길 운전이란?

눈길, 빙판길 운전이란? 필자는 수년간 ESC 개발관련 평가 업무를 진행하면서 국내, 국외의 다양한 Winter 시험장에서 유럽에 자동차 회사들이 만든 자동차를 운전하고 평가하였습니다.

그래서 이 장에서는 필자가 생각하는 나름의 기준으로 정의하고 그것에 대한 대응 요령에 대해 정리해 보도록 하겠습니다.

인터넷 및 유튜브 자료를 검색 해보면 눈길, 빙판길 사고에 대한 다양한 분석과 해석을 쉽게 접할 수 있습니다. 하지만 이러한 내용들이 체계적으로 정리가 되어 있지 않아 눈길, 빙판길에 대한 경각심 부족으로 교통사고가 종종 빌생하여 인적 물적 피해를 유발합니다. 눈길, 빙판길에 대한 차량 거동 특성을 정확히 이해하고 이를 실무 운전에 적용함으로써 문제가 발생하지 않도록 하는 것이 최선의 대응방법임을 알리고자 합니다. 일단 눈길과 빙판길에서 가장 큰 특징은 충분히 낮은 속도에서도 통제 불능 상태가 발생하고 차량이 통제 불능 상태로 진입하면 이를 컨트롤하여 회복할 방법은 없습니다.

눈길, 빙판길 운전이란 ?

운전자가 Driving하는 노면에 눈입자가 다져져 있거나, 물 입자들이 얼어 타이어와 노면사이에 층이 형성된 도로를 운전자가 주행하는 것으로 상황에 따라 저속 구간에서도 타이어 접지력이 급격히 낮아져 제동 및 조향기능의 상실을 가져온다.

2. 눈길, 빙판길 교통사고 현황 분석

자동차 운전 교통사고 중 가장 낮은 속도에서 제동 및 조향 기능 상실로 교통사고가 발생되는 노면이 눈길과 빙판길 교통사고입니다.

앞서 공부한 빗길은 통상적으로 Homo-µ 특성을 가지지만 눈길 빙판길은 상황에 따라 Homo-µ & Split-µ 성격과 체이스 노면의 성격을 가집니다. 이러한 노면들의 특징은 낮은 속도에서도 차량 거동을 심하게 흔들어 놓아 상황에 따라 운전자가 의도한대로 제동및 조향이 되지 않습니다.

특히 우리나라는 매년 겨울철만 되면 연례행사처럼 눈길, 빙판길 교통사고가 꾸준히 발생하고 있습니다. 그에 따른 인적 물적 피해가 발생하며 유관기관에서도 사고를 줄이기 위한 제설작업, 도로개선과 안전운전 홍보 등을 하고 있지만 거대한 자연의 힘 앞에 물리적인 한계를 느끼게 합니다.

눈길, 빙판길 교통사고의 최대 예방은 운전자 인식 개선입니다. 즉, 문제점을 충분히 인지하고 상황에 적절한 운전을 한다면 눈길, 빙판길 사고는 예방이 가능합니다. 물론 천재지변으로 인한 사고도 있지만 눈길 & 빙판길 사고의 90% 는 운전자 과실로 발생합니다. 차간거리 미확보, 과속, 급조향, 급제동 등은 눈길, 빙판길 사고를 일으키는 대표적인 주범입니다.

사고 특성

1. 눈길, 빙판길 사고는 전국도로에서 고루 발생하고, 특히 겨울철인 12월 ~2월 중에 사고발생 빈도가 가장 높습니다.

2. 대형사고는 주로 야간에 고속도로 및 국도에서 전방 노면의 상태를 인지하지 못하고(블랙아이스 노면 등) 평소처럼 주행하다 발생합니다.

3. 통상 운전자들은 눈길, 빙판길 감속 주행 및 안전거리 확보의 중요성을 알고 있지만, 상황에 따라 잘 지켜지지 않습니다.
그로 인해 노면 상황 판단 실수에 따른 적절한 안전 운전 대응 미숙이 교통사고의 원인이 됩니다.

3. 눈길, 빙판길 교통사고 현황 분석

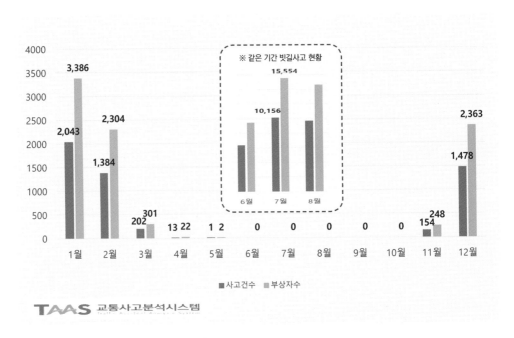

[자료출처: 도로교통공단 교통사고 분석시스템(TAAS)]

▲ 눈길 교통사고 월별 발생 현황 (2017~2021년 기준)

데이터를 보면 눈길사고와 빗길 사고의 특성을 한눈에 파악 할 수 있습니다. 빗길은 연중 발생하지만 특히 6월~8월 우기철에 사고가 집중되는 반면, 눈길&빙판길 사고는 12월~2월 사이에 집중되고 발생빈도가 매우 높습니다.

그리고 6월~10월까지는 단 한건도 발생하지 않습니다. 그래서 우리나라에서 운전을 한다는 것은 '목숨 걸고 한다'는 이야기가 나오는 것 같습니다. 그만큼 자동차 운전 중 교통사고 원인은 기후, 기상, 날씨에 많은 영향을 받습니다.

4. 눈길, 빙판길 노면 특성의 이해

필자는 앞서 대표적인 3가지 노면특성에 대해 언급을 하였습니다.

[Homo-μ]　　　　　[Split-μ]　　　　　[체이스 노면]

앞서 일반적인 도로에서의 빗길 노면 특성은 Homo-μ 특성을 가집니다. 즉, 바닥이 미끄럽기는 하지만 4바퀴의 마찰력이 거의 동일한 환경에 접합니다. 이런 도로에서는 통상 차량속도가 마른 노면에서 주행하는 속도와 같거나 그 이상일 때 제동거리 미확보 또는 급격한 조향에 따른 차량 거동 불안전으로 사고가 발생합니다.

하지만 눈길, 빙판길은 노면 조건에 따라 안전속도(교통사고 미발생)를 그 누구도 자신할 수 없습니다. 특히 우리나라 겨울철 기온은 영하와 영상 날씨가 주·야 시간대로 바뀌는 경우가 많고 갑자기 몇 시간만에 폭설이 내려 도로를 눈길로 만드는 일도 많습니다. 물론 기상예보 기술로 어느 정도 예상은 하지만 운전자들이 실제 도로에서 운전 중 대응할 수 있는 방법에는 한계점이 존재합니다.

물론 우리나라보다 북쪽에 위치한 북유럽, 중국북부, 러시아 지방은 겨울철 혹한기에는 영하 40℃까지 내려갑니다. 그리고 눈도 엄청 많이 내려 도로 위를 제설해도 한마디로 스키장입니다.

도로 양옆으로 쌓인 눈을 보고 가드레일 삼아 운전하는 곳도 많습니다. 그런데 이런 나라의 특징은 기온이 계속해서 영하권을 유지 하므로 노면이 미끄럽기는 하지만 빗길과 비슷한 Homo-μ 특성을 보입니다.

일부 봄으로 넘어가는 시즌에는 우리나라처럼 약간의 차이는 있지만 보통 아침·저녁으로 영상에서 영하로 짧은 시간 또는 짧은 기간에 바뀌는 일은 거의 없습니다. 최근들어 기후 온난화 현상 때문에 예전 같지 않다는 이야기는 하지만 그래도 우리나라 겨울철 환경과는 많이 다릅니다.

즉, 우리나라 겨울철 운전 환경이 가혹도가 매후 심하다는 이야기입니다. 눈이 많이 내리는 시점에는 전체적으로 Homo-μ에서 부분제설을 한 도로는 상황에 따라 Split-μ와 체이스 노면으로 바뀝니다.

이런 곳에서의 운전 방법은 일반적인 운전자에게는 한계를 느끼게 합니다. 그리고 밤새 기온이 떨어지면 다시 일부 노면은 블랙아이스로 바뀝니다. 우리나라는 산악 지형이 많은 나라로 직선도로 구간이 짧고 도로 선형의 기울기가 심하여 수시로 핸들링과 브레이크 조작을 해야합니다.

예컨대, 필자가 스웨덴 지방도로에서 눈길도로를 70~80km/h 로 주행을 몇시간씩 했었지만 조향과 제동을 거의 하지 않고 운전이 가능할 정도였습니다. 간혹 차량을 멈추는 경우에는 순록떼가 도로를 점령할 때입니다. 물론 이런 곳에서의 자동차 타이어는 스노우 타이어 장착이 필수입니다.

5. 눈길, 빙판길 노면 특성의 이해

그러므로 눈길, 빙판길에서의 사고원인 제공은 제동과 조향이 그 주범입니다. 눈길이나 빙판길을(Homo-μ) 빠르게 주행한다고 차량 거동이 이상해지고 사고가 나는 것은 아닙니다. 이런 Homo-μ에서는 속도가 올라갈수록 4바퀴의 마찰력이 민감해져, 차량이 좌우로 조금씩 쏠리기는 하지만 가벼운 핸들 조작으로 대부분 컨트롤이 가능합니다.

HL Mando 혹한기 중국 흑하 Winter 시험장

[ESC 평가용 Split-μ 시험로]　　[ESC 평가용 스노우 Homo-μ 시험로]　[ESC 평가용 아이스 Homo-μ 시험로]

또한 이런 도로에서는 선회반경을 크게 해서 완만한 선회는 가능하지만 45도 이상을 넘어서면 서서히 차량의 언더/오버 특성이 나타나고 이 상태에서 제동을 가하면 차량 거동은 급격히 흐트러지고 상황에 따라 더 이상 차량 컨트롤이 되지 않는 Spin-out 영역으로 진입하여 주변에 쌓아놓은 눈덩이 속으로 차량이 처박히는 일들이 종종 발생합니다.

물론 이런 환경에서 운전자보다 빠르게 위험을 인지한 ESC가 차량 자세를 수습하기 위해 해당 바퀴에 수시로 운전자 의지와 관계없이 제동제어를 실시하여 차체를 수습하려고 안간힘을 다합니다. 다행히 차체 수습이 성공할 수도 있지만 그렇지 않은 경우도 많습니다. 즉, ESC 제어 한계영역을 넘어선 경우입니다.

※ Spin -out: 차량의 타이어가 접지력을 잃고 이로 인해 자동차가 회전하며 운전 불가능 상태가 되는 것으로 운전자가
　　　　　차량의 제어권을 상실한다는 의미로 아주 위험하고 큰 사고가 발생할 가능성이 높습니다.

여기서 필자가 하고싶은 이야기는 시험장은 도로처럼 차선도 없고 주변에 장애물이 없으므로 부담없이 ESC 기능을 확인하기 위해 최악의 조건까지 운전을 합니다. 그런데 도로는 도로폭이 정해져 있고 도로를 이탈하면 각종 장애물과의 충돌을 피할 수 없습니다. 그러므로 이러한 상황에서 ESC가 운전자를 Assist 할 수 있는 범위가 상당히 제한적이라고 말할 수 있습니다. 즉, 도로운전 중 가능한 ESC가 작동되는 영역의 운전 조건을 만들면 안됩니다. ESC나 ABS가 작동을 시작하면 내가 운전 위험 영역에 진입했다고 판단하고 감속운전을 해야 합니다.

6. 노면 특성과 차량 거동의 이해

앞서 빗길 노면의 특성에서 대표적인 3종류의 노면에 대해 차량 거동에 관련하여 설명을 하였습니다. 그런데 이러한 특성이 눈길, 빙판길에서는 상황에 따라 상당히 낮은 속도로부터 발생합니다. 그래서 빗길 운전보다 좀더 안전 운전에 신경을 써야 합니다. 특히 산악로 구간 내리막 에서는 차량속도를 떠나 차량이 조금이라도 움직이고 여기에 제동력이 더해지면 운전자의 통제 의지와 관계없이 차량사고가 발생합니다.

그러므로 다양한 노면 중 눈길, 빙판길에서의 운전난이도가 가장 높습니다. 그리고 연쇄 충돌 대형사고 빈도가 높은 조건에 해당합니다. 또한 아무리 조심한다고 해도 차량이 밀리거나 한쪽으로 쏠리는 현상이 발생하면 운전자가 이를 회복하기는 사실상 불가능합니다. 그래서 눈길, 빙판길 사고는 대응보다 예방이 최우선입니다.

예방이 선행되고 그래도 문제가 발생하면 그때는 사고 손실을 최소화할 수 있는 방법으로 대응을 해야 합니다.

[그림A: 내리막 경사로 Homo-u]

1. 운전요령

4바퀴에 마찰력은 동일하므로 하강 시에 약간의 좌우 쏠림이 발생할 수 있으나, 가벼운 카운터 Steer로 컨트롤이 가능하다.

① 경사로 정도에 따라 변속단수를 하강 전에 수동으로 고정시키고 가능한 하강중에는 추가 변속자제 [3, 2, 1단 중 한곳에]
② 제동은 가능한 자제하지만 필요시 살짝 살짝 나누어 밟고 부분적으로 ABS가 작동될 수도 있습니다.
③ 전방에 차량이 없거나, 또는 경사로에 따라 최대한 안전거리를 확보합니다. ※ 필요시 월동장구를 장착합니다.

2. 주의할 점

① 경사로 기울기가 심하고 중간에 코너를 돌아야 하는 도로에서 앞서간 차량이 없다면, 무리해서 내려가지 않는 게 좋습니다.
② 약간의 차량 쏠림은 브레이크가 아니고 핸들이 쏠리는 반대 방향으로 천천히 길게 사선으로 조향하여 차체를 유도합니다.

[그림B: 내리막 경사로 Split-u]

1. 운전 요령

사전 운전 지식이 없고 경사로 끝이 일정 구간 직선로가 확보되지 않으면 우회하시기 바랍니다.

① 경사로 정도에 따라 변속단수를 하강 전에 수동으로 고정시키고 가능한 하강중에는 추가 변속금지 [2, 1단 중 한곳에]
② 제동금지, 하강로 끝가지 제동은 하지 않습니다.
③ 전방에 차량이 없거나 또는 경사로에 따라 최대한 안전거리를 확보합니다.
④ 절대로 핸들을 Asphalt 방향으로 꺽지말고 차체가 아스팔트 노면쪽으로 쏠리면 핸들을 약하게 눈길 쪽으로 보정해 줍니다.

※ 필요시 월동장구를 장착합니다.

2. 주의할 점

① 경사로 기울기가 심하고 다른 차량이 이동한 흔적이 없으면 하강을 자제하기 바랍니다.
② 약간의 차량 쏠림은 브레이크가 아니고 핸들이 쏠리는 반대 방향으로 천천히 길게 사선으로 조향하여 차체를 유도합니다.

눈길

Dry Asphalt

[그림C: 평지 체이스노면]

1. 운전 요령

주행중 좌·우측 타이어 마찰계수가 수시로 바뀌므로 제동 및 조향은 최대한 자제를 해야 합니다.

① 진행 속도는 가능한 낮게 하고 진입 전에 변속 단수는 수동으로 고정시키고 가능한 추가 변속금지 [3, 2단 중 한 곳]
② 가능한 제동 및 조향은 자제하기 바랍니다. 어느 쪽으로 차량이 쏠릴지 예측할 수가 없습니다.
③ 전방에 차량이 없거나 최대한 안전거리를 확보합니다.

※ 체이스 노면에서 과속, 급조향, 급제동은 사고를 유발합니다.

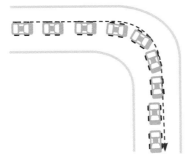

[그림D: 눈길, 아이스 Homo-µ 선회로]

1. 운전 요령

좌/우측 타이어 마찰계수가 동일한 도로를 선회 주행시 가능한 제동/가속, 변속은 지향하고 처음 진입한 감속의 속도로 회전반경을 넓게 하여 조향각이 최소화되게 최대한 선회합니다.

① 진행속도는 가능한 낮게 하고 진입 전에 필요시 변속 단수는 수동으로 고정시키고 가능한 추가 변속금지 및 가속은 하지 않습니다.

② 가능한 제동은 자제하고 조향각도는 한번에 틀지 말고 차량 속도에 맞추어 조금씩 서서히 조향합니다.

③ 전방에 차량이 없거나 최대한 안전거리를 확보합니다.

※ Homo-µ 선회 노면에서 가속을 하면 FF 차량은 언더스티어/FR 차량은 오버스티어 현상이 강하게 발생하므로 상당히 위험해 질 수 있습니다.

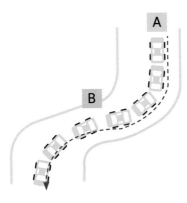

[그림E: 눈길, 아이스 Homo-µ 굴곡로]

1. 운전요령

좌·우측 타이어 마찰계수가 동일한 굴곡 도로를 주행시 가능한 제동/가속, 변속은 지향하고 처음 진입한 감속의 속도로 회전반경을 넓게 하여 조향각이 최소화되게 그림 D와 같이 연속 2번 선회하는 방법과 동일합니다.

즉, A지점에서 B지점까지의 운전 방법은 다시 동일하게 B지점에서 진행됩니다.

※ Homo-µ 굴곡 노면에서 가속하면 FF차량은 언더스티어, FR차량은 오버스티어 현상이 강하게 발생하므로 상당히 위험해 질 수 있습니다.

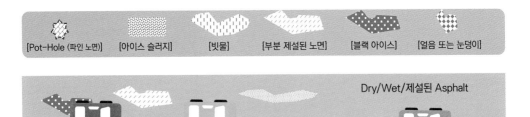

[Pot-Hole (파인 노면)] [아이스 슬러지] [빗물] [부분 제설된 노면] [블랙 아이스] [얼음 또는 눈덩이]

Dry/Wet/제설된 Asphalt

[그림 F : 다양한 노면 조건이 종합선물 셋트처럼 혼재된 국내 도로]

필자가 겨울철 노면을 이해하기 쉽도록 크게 3가지 형태(Homo/Split, 체이스 노면)의 대표적인 노면에 예를들어 설명했으나 사실 이렇게 규정화된 도로는 자동차 Winter 시험장에서나 볼 수 있는 노면입니다.

실제 운전자가 운행하는 도로는 우리나라 기후 특성상 위에 [그림 F]에서 설명드린 다양한 종합선물 셋트 노면이 존재하고 그 조합은 도로 위치와 날씨 상태 그리고 도로 제설 상태에 따라 수시로 바뀝니다.

그로 인한 차량 거동도 이런 노면에서는 예측이 불가능한 경우가 많고 설사 거동이 불안함을 느끼는 순간 미처 대응할 시간도 없이 사고로 이어지는 경우가 많습니다.

"이러한 예측 불가능한 상황으로 겨울철 사고가(12, 1, 2월) 단기간에 집중됨을 알 수 있습니다."

7. 학습 정리 [눈길, 빙판길 운전 정리]

이 장에서는 최대한 눈길, 빙판길 운전 관련 일반 운전자들이 알고 있어야 할 내용에 대해 이야기 하겠습니다. 우리나라는 날씨 상황에 따라 다소 차이는 있지만 Winter 시즌은 통상 11월~2월까지 4개월 정도입니다.

물론 지역에 따라 약간의 차이는 있으나 겨울철에는 눈이 녹아 바닥에 물이 고이고 다시 저녁에 추워지면 도로는 빙판길로 바뀝니다.

이러한 조건들이 반복되면서 미처 생각하지 않는 조건에서 겨울철 미끄럼 사고를 유발합니다. 그래서 이 장에서는 다시 한번 눈길, 빙판길 도로에서 일반 운전자들이 최소한 지켜야 할 사항에 대해 정리하겠습니다.

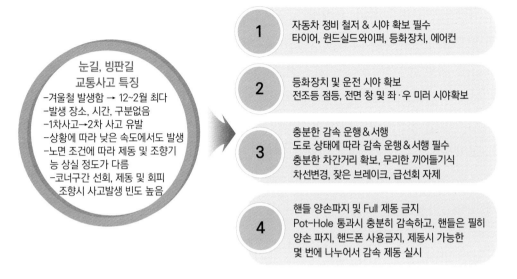

8. 학습 정리 [눈길, 빙판길 운전 중 노면 상태 확인하기]

빗길은 운전자가 빗길임을 사전에 충분히 인지하고 차량을 운전합니다. 그런데 겨울철 도로를 운전할 때 노면의 미끄러움 정도를 파악하기가 쉽지 않고 특히 야간이나 새벽에 운전자들을 공포에 떨게 하는 블랙아이스 노면은 사전에 인지하지 못하고 선회로에 진입하거나 차량 회피 또는 제동할 경우 생각지도 못하는 대형 교통사고를 유발합니다. 그래서 눈길, 빙판길 운전시 운전자는 수시로 의심스로운 도로 진입 전에 노면의 미끄러운 정도를 확인하고 그에 적절한 충분한 감속운전과 대비를 습관화하셔야 합니다.

그렇다면 도로에서 운전 중 어떻게 노면의 상태를 확인할 수 있을까요?
다음 내용은 필자가 다년간 Winter test 경험을 기반으로 몸에 밴 운전 중 노면 상태 확인 방법입니다.

일단, 자신이 운전하는 차량에 최소한 ABS는 달려 있어야 하고 이 시스템이 정상적으로 작동해야 합니다.

확인방법 첫 번째: 직진 주행 상태에서 핸들을 Keeping하고 편하게 주행합니다.

두 번째: 브레이크 페달에 발을 살짝 올려 가볍게 단계적으로 밟습니다.
단, ABS가 작동되면 페달에서 신속히 발을 제거합니다.

세 번째: ABS가 작동되는 시점을 브레이크 페달 밟는 양과 비교합니다.

NO	페달 밟는양	ABS 작동상태	예상 노면상태
1	발만 살짝 올려 놓았을 때	민감하게 작동	블랙아이스 노면(매끄러운 아이스)
2	발끝으로 약간의 힘을 줄 때	힘을 가할 때만 작동	다져진 스노우/거친 아이스
3	발바닥으로 약간의 힘이 가해질 때	힘이 가해질 때 작동	Wet노면+눈 또는 아이스입자
4	Normal 감속으로 제동시	거의 작동하지 않음	Wet 노면 수준 (Normal 한 빗길수준)

※ ABS 시스템은 제동 압력과 노면의 미끄러움 정도에 따라 민감하게 작동하므로 이 부분을 잘 모니터링 하면 노면의 상태를 주행중에 어느정도 신속하게 예측이 가능합니다. (위에 작성된 내용은 차량 속도, 타이어 상태, 노면 상황 및 브레이크 제동 압력에 따라 그 결과가 다르게 느껴질 수 있습니다. 그러므로 숙달되기 전까지는 어느 정도 경험을 필요로 합니다.)

구 분	노면 특징 및 대응 운전
아이스노면 (매끄러운 아이스)	최악의 노면입니다. 빗물 또는 눈이 녹은 물이 도로에서 배수되지 못하고 기온 강하로 얼음이 도로 표면에 살짝 도포된 상태. 내리막, 오르막 길은 운전금지, 극저속, 엔진브레이크, TCS, 조향기능, 무용지물. 단, 평지 및 완만한 코너 구간은 아이스 노면 진입 전에 최대한 감속 후 상황별 저단 기어, 브레이크 사용 금지, 최대한 완만하고 차체가 반응하는 핸들 조작 영역만큼만 조향할 것. 만약 코너 진입 후 블랙 아이스 노면을 인식했다면 브레이크는 자제하고 핸들을 이용하여 최대한 원하는 방향으로 유도합니다. 최종적으로 유도에 실패하여 통제 불능 상태에 진입하며 핸들+브레이크 Keep+비상등을 점멸하고 차체가 멈출 때까지 기다렸다가 멈추면 신속히 차량에서 탈출하여 안전한 곳에서 후속차량 추돌이 생기지 않도록 후방 차량에 신호를 보냅니다.
다져진 스노우 & 거친 아이스	눈길에 다져져 반질 하거나 아이스 슬러지 입자들이 기온 강하로 얼어서 다소 거친 아이스 노면 형성. 블랙 아이스 보다 조금은 덜 위험하지만 차량에 속도가 붙어 있는 상태라면 급조향, 급제동은 최악의 결과를 만듭니다. 가능한 브레이크는 충분히 여유를 가지고 나누어서 밟고 차체가 흔들리지 않는다면 ABS가 터져도 제동을 유지 합니다. 단, 차체가 흔들리면 핸들을 이용하여 차체 거동을 수습합니다. 그리고 노면을 인지하지 못하고 코너 구간에 진입했다면 위에 블랙 아이스 노면 내저법과 같은 요령으로 하시면 됩니다.
Wet노면+눈 또는 아이스입자	염화칼슘 제설 작업 후 기온이 살짝 올라가면 형성되는 노면 조건입니다. 통상적으로 낮 시간대 많이 접하는 노면으로 위에 두 가지 노면 대비 상대적으로 덜 위험하지만 그만큼 신중을 기해야 합니다. 고속주행을 자제해야 합니다. 심하면 겨울철 타이어 수막현상을 발생시킵니다. 또한 차속에 있는 상태에서 급제동, 급조향은 차량 거동을 불안하게 만드는 요소가 됩니다. 특히 후륜 구동으로 적재함에 짐이 없는 차량들은 선회로 운전 시 충분히 감속 후 진입시키고 혹시나 미감속 상태에서 코너에 진입하여 감속과 함께 조향을 하면 급격한 오버스티어 현상이 발생할 수 있습니다.(후륜 구동 차량은 전륜 구동 차량대비 오버스티어 현상이 쉽게 발생합니다.)

안개 낀 도로 운전 Driving

1. 안개낀 도로 운전이란?

안개 낀 도로 운전이란 이 장에서는 필자가 생각하는 나름의 기준으로 정의하고 그것에 대한 대응 요령에 대해 정리해 보도록 하겠습니다. 인터넷 및 유튜브 자료를 검색 해보면 안개 낀 도로에서 대형사고 현황과 다양한 분석 그리고 대응방법에 대해 쉽게 접할 수 있습니다.

하지만 이러한 내용들이 운전자들한테 인식이 잘 되지 않아 아직도 안개가 발생하는 계절에는 단골손님처럼 찾아와 대형 교통사고를 종종 발생시켜 인적 물적 피해를 유발합니다.

그래서 이 장에서는 안개가 낀 도로의 특성과 대응법을 합리적으로 정리하여 이를 실무 운전에 적용함으로써 안개가 낀 날 교통사고 문제가 더 이상은 발생하지 않기를 바랍니다.

일단 안개 낀 날 운전은 앞서 공부했던 빗길, 눈길, 빙판길과는 전혀 특성이 다른 운전자 시야 확보에 관련된 내용입니다. 그래서 대부분의 사고 특징은 안전거리 미확보에 따른 추돌사고가 많습니다.

또한, 사고가 발생하면 대형 연쇄 추돌사고로 이어지는 경우가 종종 발생합니다. 그리고 특히 가을에는 낮과 밤의 일교차가 커서 안개가 자주 발생하고 2월과 3월에도 그 빈도가 매우 높습니다. 특히 해상을 장거리로 관통하는 서해대교와 영종대교는 안개 관련 대형사고를 일으켰던 대표적인 장소입니다.

안개 낀 도로운전이란 ?

운전자가 Driving 하는 공간에 수분입자가 기체 상태로 깔려있어 운전자의 가시거리를 제한하는 것으로 상황에 따라 전방 장애물 및 차량식별이 늦어져 예상치 않은 교통사고를 유발합니다.

2. 안개 교통사고 월별 발생현황

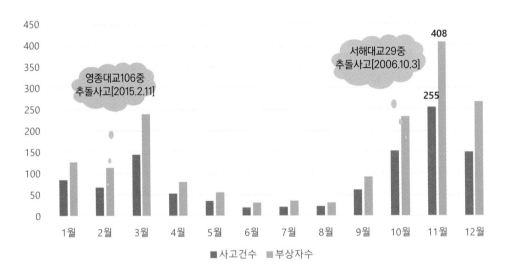

▲ 안개 교통사고 월별 발생 현황 (2017~2021년 기준)

[자료출처: 도로교통공단 교통사고 분석시스템(TAAS)]

안개 교통사고 관련하여 최근5년간의 자료를 정리해 보면 통상적으로 3월과 10~12월 사이에 집중됨을 알 수 있습니다. 안개 교통사고의 대표적인 특징은 운전자의 가시거리가 짧고 때에 따라서는 바로 앞을 분간 할 수 없을 정도로 안개가 잔뜩 낀 상황을 접할 수도 있습니다.

특히 호수나 강을 끼고 있는 내륙 지역은 매년 단골손님 처럼 안개 현상이 발생되므로 이런 환경에서의 올바른 운전 대응법은 안개로 인한 교통사고를 최소화할 수 있습니다.

3. 기타 흐림상태 교통사고 월별 발생현황

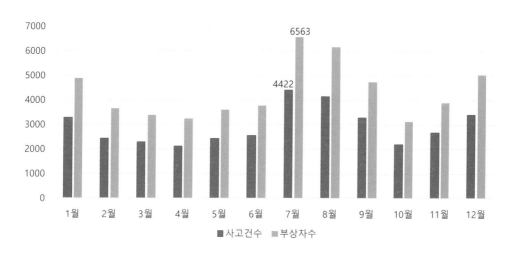

▲ 흐림상태 교통사고 월별 발생 현황 (2017~2021년 기준)

[자료출처: 도로교통공단 교통사고 분석시스템(TAAS)]

또한 운전자의 가시거리에 영향을 주는 그밖의 흐린 날씨에 일어난 교통사고 통계를 보면 7월과 8월의 사고비중이 가장 높고 그 다음이 12월과 1월이 다소 높은 비중을 차지합니다. 여하튼 자동차를 운전하면서 전방 상황을 판단할 수 있는 가시거리는 안전운전에 가장 중요한 요소입니다.

4. 안개 및 흐린 날 교통사고 현황 분석

운전을 하면서 전방상황을 파악하는 가시거리는 매우 중요합니다. 특히 차량속도가 빠를수록 가시거리는 멀리까지 보여야 하지만 통상적으로 운전자의 가시거리는 계절, 날씨, 운전시간대에 따라 많은 영향을 받습니다.

특히 안개는 그 특성이 새벽 시간대에 많이 발생하고 바람에 의해 옮겨다니는 특성이 있습니다. 또한 새벽 어둠과 함께 동반하는경우 한 치 앞도 분간할 수 없는 상황이 오기도 합니다.

어둠은 전조등을 켜면 어느 정도 가시거리를 확보할 수 있지만 안개는 빛을 반사하는 특성이 있어 빛을 이용하여 가시거리를 확보하는데 어려움이 있습니다.

그러므로 안개 및 흐린 날 교통사고 예방 관련 최고의 방법은 감속과 충분한 안전거리 확보입니다. 즉, 문제점을 충분히 인지하고 상황에 적절한 운전을 한다면 안개 및 흐린날 교통사고는 줄일 수 있습니다.

사고 특성

1. 안개및 흐린날 교통사고는 지형적 또는 기후적인 영향이 큰 곳에서 자주 발생하고 안개는 11월 흐린 날은 7, 8월에 사고 빈도가 가장 높습니다.

2. 가시거리에 따른 충분한 안전거리 확보가 필요하며, 상대를 배려하지 않은 부리한 차선변경, 급제동 등은 연쇄 충돌 사고의 원인이 됩니다.

3. 과도한 전면 창 썬팅과 운전 중 선글리스 착용은 안개가 끼거나 흐린날, 전면 시야를 방해하며 그로 인한 전방 주시 대응 능력을 악화시켜, 교통사고에 원인이 됩니다.(김서림 제거를 위한 히터 및 에어컨 적절한 사용 필수)

5. 안개에 따른 운전석 가시거리

아래 사진은 필자가 살고 있는 평택호 주변 도로운행 중 2월초 새벽에 촬영한 사진입니다. 안개는 수증기 입자들이 대기 중에 머물면서 발생하는 현상으로 통상적으로 한겨울 추운 날씨에는 잘 발생하지 않습니다.

그리고 안개가 발생하는 지역은 지형적 특성이 강해 매년 반복해서 발생합니다. 2006년 10월 서해대교 29중 충돌사고와 2015년 2월 영종대교 106중 추돌사고는 안개가 잔뜩 낀 다리 위를 충분히 감속 운행하지 않고 운행중 발생된 대표적인 사고 사례입니다.

또한 안개 낀 날은 노면이 습기를 머물고 있기 때문에 젖은 성격의 도로 특성을 가집니다. 그러므로 이런 도로에서 급제동은 충분한 제동거리 확보가 되지 못하고 또한 전방에 운행중인 차량 확인이 늦어져 눈으로 확인하고 제동하면 그때는 추돌사고로 이어집니다. 그러므로 충분한 감속+비상등 점등, 제동은 나누어서 여러 번 밟아 후방 차량에 내 차량의 존재와 운전 상태를 알려 주어야 합니다.

솔직히 뒤에서 추돌 당하면 사고 데미지는 추돌당한 앞차가 더 크고 충돌한 차량이 대형차량이면 사고 데미지는 상상을 초월할 수 있습니다.

여하튼 뒷차량도 충분히 조심을 해야 하지만 앞 차량도 자신의 존재를 알릴 수 있는 등화장치 사용에 인색해서는 안됩니다.

또한 안개는 바람과 지형에 의해 몰려 다니는 특성이 있습니다. 갑자기 앞에 안개가 나타 났다가 사라지고 다시 출몰하기 때문에 그 지역을 완전히 벗어날 때까지는 충분한 감속 운행, 안전거리 확보, 등화장치 점등을 습관화하셔야 합니다.

[운전석에서 본 안개가 낀 도로 시야]　[운전석에서 본 안개가 거친 도로 시야]　　[비상등 점멸시 앞차 시인성]

6. 안개 낀 도로 운전 시 운전자 대응 Driving

첫 번째 : 차량 등화장치 정비 철저 및 수시로 작동 확인 생활화

안개 낀 도로 주행 시 첫 번째는 내 차량을 다른 운전자들이 쉽게 확인 할 수 있도록 등화를 점등해야 합니다. 특히 전조등 주행빔 그리고 좌·우 미등과 제동등이 작동되어야 하며 비상등 점멸은 필수입니다.

실은, 필자가 자동차 검사장에서 5년간 근무하면서 고객들의 등화장치를 점검하다 보면 생각보다 많은 운전자들이 등화장치 고장에 신경을 쓰지 않는 것 같습니다. 물론 간단한 전구는 검사장에서 교체 후 출고하지만 배선 이상, 등화장치 파손 등은 불합격 처리 후 재검사 통보를 합니다.

간혹 민감한 운전자들은 '무슨 놈의 등 하나 안 들어온다고 부적합이냐'고 따지는 고객도 있지만 설득하여 보내고 자동차에 등화가 대부분 좌우 대칭으로 2개씩 존재하는 이유는 운행중 하나가 고장나도 최소한 다른 하나로 차량 상태 및 위치를 알리기 위함입니다. 그러므로 평상 시 또는 검사장에 왔을 때 2개가 모두 들어와야 합니다.

그리고 특히 연식이 오래되고 차량 관리에 신경을 잘 쓰지 않는 일부 대형 화물차들은 뒤쪽 등화 장치가 전멸된 차량도 종종 확인됩니다. 이런 차량들이 안개속에서 내차 앞을 주행한다고 생각하면 등골이 오싹해집니다.

여하튼 안개 낀 도로에서는 내 위치를 알리는 등화장치의 정상 작동이 그 무엇보다도 중요합니다.

두 번째 : 히터 및 에어컨 작동 상태 관리 철저

안개 낀 도로주행시 내·외기 온도 차이로 김서림 현상이 발생하고 이로 인해 전방 시야를 더욱더 악화시킵니다. 이런 경우 히터와 에어컨을 작동시켜 김서림 현상을 제거하고 전방 시야를 빠르게 확보해야 합니다. 그렇지 않고 김서림 전면창을 손이나 종이로 일부분만 닦으면서 주행하는 일은 절대로 있어서는 안됩니다.

세 번째 : 전방 윈드실드 와이퍼 상태 및 전면창 유막 제거

비가 오는 날이나 안개 낀 날은 전면창에 물방울 또는 습기가 맺혀있고 이를 와이퍼로 제거하여 깨끗한 시야를 확보해야 하지만 와이퍼 블레이드 불량 또는 전면창의 유막은 오히려 운전자의 시야를 심하게 방해합니다.

가뜩이나 안개 때문에 시야도 불량한데 거기에 더해서 유리창 마저 뿌옇게 되어 전면 가시거리를 현저하게 단축시키는 역할을 합니다. 그러므로 평소에 주기적으로 전면창 와이퍼 블레이드를 교체해 주시고 필요 시 자동차 매연 및 공해물질로 얼룩진 전면창 유막을 제거해 주시기 바랍니다.

네 번째 : 과도한 전면창 썬팅 및 썬그라스 착용 착용자제

필자도 안경을 착용하지만 사람마다 시력이 다르고 특히 야간에는 시력이 더 많이 떨어지는 분들이 있습니다. 거기에 여름철 자외선을 줄이기 위해 전면창 썬팅을 실시합니다.

그런데 자외선 차단 수치가 높을수록 특히 밤에는 운전자 시야를 많이 어둡게 합니다. 그러므로 가능한 전면창 썬팅은 자외선 차단 수치보다 운전자 본인의 야간 운전 시력에 맞추어 적절한 것을 선택하는 것이 바람직합니다.

그리고 가능한 야간 및 안개 낀 날 썬글라스 착용은 자제를 부탁드립니다. 전방

시야 확보에 장애 요인이 됩니다.

다섯 번째 : 전방주시 운전집중

안개 낀 도로주행시 전방주시 운전에 집중을 해야 합니다. 휴대전화 사용, 옆사람과의 대화 등 전방주시 운전에 방해가 될 수 있는 행동은 절대로 하면 안됩니다. 순간에 방심이 앞차와의 추돌사고를 유발합니다.

여섯 번째 : 주행빔 사용자제

안개 낀 도로주행시 전조등은 변환빔(하향등)을 작동하고 안개등과 비상등을 점멸합니다. 그리고 주행빔(상향등)은 작동하지 않습니다. 대기중에 떠 있는 수분입자들에 의해서 빛이 반사되어 오히려 운전자의 시야를 방해합니다.

일곱 번째 : 과속, 무리한 차선변경, 급제동은 삼가해야 합니다.

당연한 이야기지만 전방 시야가 확보되지 않은 상태에서는 충분한 감속과 안전거리 유지는 필수 사항입니다. 또한 무리한 차선변경, 급제동은 절대로 해서는 안됩니다.

그리고 안개속에서 앞차량의 위치가 확인되지 않을 경우 더욱더 속도를 줄이고 집중해서 운전을 해야 합니다. 간혹, 등화장치가 고장 난 차량이 눈앞에 커다란 괴물처럼 우뚝 서 있는 황당한 상황을 겪을 수도 있습니다. 내 앞에 운전 중인 차량이 식별되지 않는 것은 다음과 같이 생각할 수 있습니다.

1) 앞차량이 안개 속에 가고 있는데 등화장치가 정상적으로 작동 되어도 차간거리가 멀어서 안보이는 경우

2) 대형차량이 안개 속에서 내 앞에 가고 있거나 정차되어 있는데 [특히 대형 화물차 뒤에 있을 때 대형 화물차에 가려 화물차 앞에 차량들의 불빛이 보이지 않습니다. 화물차는 차량 길이도 길고 폭도 넓습니다] 그 차량의 등화 장치 고장 또는 광도가 너무 불량하여 바로 내 앞에 있지만 내가 식별을 못하고 있는 경우

3) 브레이크는 나누어서 여러 번 밟고 뒷차량이 내 뒤에 정차할 때까지 밟고 있으면 좋습니다.

　　[제동등은 미등 광도에 비해 통상 2배 정도가 밝으므로 차량 식별을 좀 더 용이하게 합니다. 그리고 비상등은 점멸을 유지합니다]

7. 안개 낀 도로 운전시 운전자 대응 Driving Flow Chart

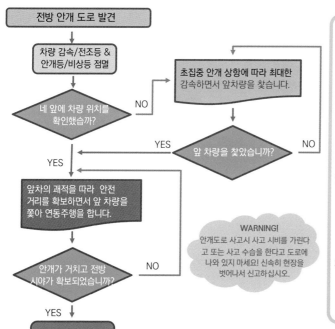

사고 특성

1. 대형 안개 사고의 첫 단추는 앞차량이 확인되지 않은 상황에서 안전거리를 확보하지 않고 과속과 추월을 하다가 갑자기 나타난 앞차량을 급제동하는 과정에서 제동거리 미확보 추돌로 인해 1차사고를 발생시키고 이를 발견하지 못한 후속 차량들이 연쇄적으로 추돌을 하여 대형 사고로 발전합니다.

2. 안개는 지역적 특성이 강하므로 그 지역만 벗어나면, 정상적인 주행이 가능합니다. 잠시 몇 분을 참지 못하고 충분한 감속을 하지 않고 주행하는 일은 없어야겠습니다.

3. 안개낀 도로에서 추월, 갓길 주행 빈번한 차선 변경은 하지 마십시오. 원활한 교통흐름 방해와 교통사고에 원인이 됩니다.

※ 안개 도로에서 주행중 전방차량이 확인되지 않은 상태에서 추월, 과속 등은 대형 사고 원인의 주범입니다. 또한 추돌사고 발생시, 신속히 차량에서 탈출하여 가드레일 밖 등 충분히 안전한 곳으로 대피하십시오. 연쇄 추돌사고 발생확률이 매우 높습니다. 물론 최악의 경우 차량에서 대피중 추돌사고가 발생할 수 있으므로 특별히 조심해야 합니다.

8. 안개 도로 운전 정리

　마지막으로 이 장에서는 최대한 중요 내용을 요약하여 안개도로 운전 관련, 일반 운전자들이 알고 있어야 할 특징에 대해 정리하였습니다. 우리나라는 통상 기상 상황에 따라 다소 차이는 있지만, 안개가 주로 심하게 발생하는 계절은 봄철 초반과 늦가을입니다. 물론 그 밖에 계절에서도 조금씩 발생하는 특성은 있지만 안개로 인한 대형 교통사고는 2월과 10월에 발생한 사례가 많습니다.

　여하튼 안개사고 발생 빈도가 높은 10월~3월은 안개 관련 안전 운전에 신중을 기해야 합니다. 안개 사고는 앞서 공부한 빗길, 눈길, 빙판길보다 상황에 따라 심각한 연쇄 추돌사고를 유발하므로 충분한 감속 운행과 운전자 서로를 배려하는 운전 습관이 선행되어야 합니다. 그리고 예방운전이 최고에 운전 기량입니다.

안개 교통사고 특징
- 4계절 발생함 → 3월11월최다
- 지형적 특성과 기후에 민감함
  [발생 지역은 매년 발생함]
- 1차안개사고 → 2차 추돌사고 유발
- 차량 속도가 높을수록 쉽게 발생함
- 코너구간, 선회 도로주행시 전방
  차량 식별 곤란으로 사고위험 大
- 구간구간 안개터널이 형성되고
  그 지역을 벗어나면 멀쩡함

1 자동차 정비 철저
타이어, 윈드실드와이퍼, 등화장치, 에어컨
전면창 유막제거

2 전방시야 확보
전조등 점등, 과다썬팅 & 썬글라스 착용자제
김서림 제거를 위한 히터 & 에어컨 작동

3 충분한 감속운행과 전방차량 확인
전방차량이 시야에 확보될 때까지 충분히 감속
운행, 차간거리 확보 필수! 무리한 끼어들기식
차선변경, 급제동, 급선회 금지

4 상대 운전자를 배려하는 안전운행
전조등(변환빔), 안개등, 비상등 점멸, 핸드폰 사용
금지, 전방상황 시선집중

침수 도로 대응 Driving

1. 침수 도로 운전이란?

침수도로 운전이란, 이 장에서는 필자가 생각하는 나름의 기준으로 정의하고 관련 대응 요령에 대해 정리하겠습니다. 인터넷 및 유튜브 자료를 검색해 보면 침수도로에서의 대응 방법에 대해 쉽게 접할 수 있습니다.

하지만, 이러한 내용들은 운전자에게 정확한 인식이 부족하여, 장마철에는 단골손님처럼 찾아와 안타까운 인명과 물적 피해를 유발합니다.

그래서 이 장에서는 침수 도로에서의 차량 특성과 대응법을 정리하여, 실무 운전에 적용함으로써 사전에 침수 도로의 위험성을 인지하고 대응을 통해 소중한 인명과 재산피해를 최소화하고자 합니다.

최근들어 기상이변 징후들이 대량의 비를 몰고와 하천과 강둑이 붕게 되는 사고가 종종 발생하고 그로 인해 범람한 물이 도로와 지하차도로 유입되어 많은 차들이 운행 중에 침수되는 사고가 발생합니다.

또한, 침수여파는 단순한 차량 고장 문제로 끝나지 않고 차량에 탑승한 운전자

침수 도로 운전이란?

차량의 Wheel이 1/3이상 물에 잠긴 도로에서 운전자가 이동을 위해 시동이 걸린 차량을 Driving하는 것을 말하며, 상황에 따라 엔진 시동이 꺼지고 심한 경우 운전자와 탑승자가 물속에 고립되어 인명사고로 이어질 수 있습니다.

와 승객의 목숨까지 앗아가는 일들이 발생하고 있습니다. 그러므로 이제부터는 차량 침수에 따른 소중한 인명을 보호하기 위해, 침수환경 도로에서의 올바른 대응요령과 대처법에 대해 간단하게 정리해 보겠습니다

2. 대표적인 차량 침수사고 사례

다음은 차량 침수사고 관련하여 최근 국내에서 발생된 사고사례를 정리해 보았습니다. 침수사고의 원인은 사람이 통제 불가능한 물에 범람으로 발생하지만 다른 사고와 다르게 사전에 충분히 위험요소가 노출됨에도 불구하고 안일한 대처방법과 방심 운전으로 사고를 키운 전형적인 인재사고가 많았습니다.

차량 침수 사고는 침수 수위가 높아질수록 위험 요소가 급반전하며 초를 다투는 생사의 갈림길에 놓이게 됩니다. 이런 상황에서는 한순간에 많은 인명 피해가 발생하고 그래서 자동차 침수 사고는 올바른 예방과 대처법이 매우 중요합니다.

구 분	발생일	사고명	피해상황	사고특징
시내도로	2023.07	충북 오송읍 궁평 지하차도 침수사고	차량침수 및 14명사망	지하차도 & 지하주차장
	2022.09	포항시 아파트 지하 주차장 침수사고	차량침수 및 7명사망	
	2020.07	부산초량 지하차도 침수사고	차량침수 및 3명사망	
	2022.08	서울시 강남구 일대 침수사고	약 5천대 이상 침수피해발생	도로 및 생활 시설
하 천	2023.05	경북울진 캠핑차량 급류사고	급류에 차량파손 및 2명사망	하천 잠수교 [탑승객 전원사망]
	2022.10	강원도 영월군 북쌍리 급류사고	급류에 차량1대 소실	
	2014.08	마산함포구 진동면 시내버스 급류사고	급류에 버스 파손 및 7명사망	

위의 대표적인 침수사고 내용을 보면 시내 도로에서는 지대가 낮고 물배수가 제한적인 지하차도 및 지하 주차장에서 인명사고가 많이 발생하였습니다. 그리고 하천에서는 물에 잠긴 잠수교를 급하게 탈출하는 과정에서 차량이 급류에 휩쓸려 인명사고를 유발하였습니다. 특히 하천 잠수교 사고는 다른 침수사고 대비 탑승자 생존 확률이 지극히 낮은 것을 확인할 수 있습니다.

3. 침수 도로 에서의 차량 엔진별 시동꺼짐 원인

이 장에서는 Engineer 관점에서 침수 도로에서 자동차 엔진 시동이 꺼질 수 있는 조건에 대해 정리하겠습니다. 운전자가 침수 도로를 운행 중 엔진 시동이 꺼진다면 차량 안에 고립되어 문제가 커질 수 있으므로 사전에 이러한 부분에 대해 충분한 이해가 필요합니다.

침수 도로에서 운행 중 차량의 엔진 시동이 꺼지는 이유는 엔진 종류별로 크게 다음과 같이 설명할 수 있습니다.

구 분	사용연료	시동꺼짐 원인	시동꺼짐 난이도
기계식 엔진	디젤	A.엔진 에어크리너로 물이 유입되는경우 B.배기관에 물이 유입되고 수압이 배기가스 배압보다 높아 배기가스가 배출되지 못할 때	★★★★
	가솔린/LPG	A+B C.고전압 점화장치가 수분에 의해 누전되는경우	
전자제어 엔진	디젤	A+B D.전자제어 ECU (신호선/통신선) /제어장치 누전	★★★
	가솔린/LPG	A+B+C+D	
하이브리드 엔진	내연기관+모터	A+B+C+D E.구동모터제어 고전압 선로가 누전되는경우 [고전압 전원은 차단되지만, 엔진은 정상가동 가능]	

전기자동차	수소 전기차	A (공기공급장치 물유입)+B(수증기 배출불량)+D F.고전압 배터리 / 고전원 장치 / 고전원 선로에 절 연 파괴로 누전이 감지된 경우	누전OK	★★★
			침수로 절연파괴 NG	★
	순수 전기차	D+F	누전OK	★★★
			침수로 절연파괴 NG	★

※ 상기 자료는 필자가 생각하는 기준에서 나름 이해를 돕기 위해 정리한 자료입니다. 상황에 따라 다소 다른 이견이 있을
   수 있습니다.

4. 자동차 종류별 대표적인 공기 흡입구 및 배기관 위치

아래 그림은 대표적인 내연기관 차량들의 공기 흡입구 및 배기관의 위치입니다.
특히 공기 흡입구는 엔진이 작동 중에는 항상 공기를 빨아들이는 흡입력이 작용하
고 흡입구 주변에 물이차면 바로 엔진시동이 꺼지므로 침수도로 운행 시 에어크리
너 흡입구 주변에 절대로 물이 접촉되지 않도록 주의해서 운전을 해야 합니다. 참고
로 수소전기차도 공기 공급 장치에 물이 유입되면 진기발전이 중단됩니다.

※ 자동차 사진출처 : www.hyundai.com

5. 자동차 배기관의 침수 정도와 엔진 시동 꺼짐과의 관계

앞서 우리는 대표적인 자동차 종류별 에어크리너와 배기관의 위치에 대해 확인을 하였습니다. 자료에서 보듯이 현재 대부분의 자동차들은 배기관이 에어크리너 보다 낮은 위치에 있으며 쉽게 침수됩니다.

그렇다면, 배기관이 어느 정도 침수되어야 엔진 시동이 꺼질까요?

이 부분은 엔진 배기관의 침수 깊이도 영향이 있지만 그것보다도 더 큰 영향은 엔진이 배기가스를 배기관 밖으로 내뿜어 내는 힘, 즉 배압의 크기가 아주 중요합니다.

배압이란? 배출가스가 내뿜어 내는 힘. 즉 배출가스 압력을 말합니다.

배압이 높으면 배기관 내부로 물이 들어오지 못하고 배기가스가 엔진 밖으로 배출되어, 엔진 작동사이클인 흡입, 압축, 폭발, 배기가 원활이 이루어져 엔진이 꺼지지 않습니다.

그렇다면 침수 도로 운전시 어떻게 하면 배압을 최고로 높일 수 있을까요?

방법은 간단합니다. 변속단수를 수동으로 저단에 고정하고 엔진 액셀 페달을 가능한 깊게 밟고 주행을 합니다.

그렇게 되면 엔진 회전수가 높아지고 폭발 압력이 강해져 배기가스 양이 증가하고 그래서 배압도 높아집니다.

참고로 이렇게 운전 중에는 안전지대로 이동할 때까지 차량을 정지해서는 안되며 액셀페달을 유지해야 합니다. 혹시나 어쩔 수 없이 차량을 정지해야 한다면 액셀을 밟고 있는 상태에서 변속기어를 N으로 빼고 필요시 왼발 또는 주차 브레이크로 제동해야 합니다. 그렇지 않고 액셀페달에서 발을 제거하는 순간 배압이 떨어지고 그로 인해 물이 배기관안으로 들어오면 시동이 꺼지고 한번 꺼진 시동은 거의 되살아 나지 않습니다.

저단기어 [1단]+20km/h 이내 주행가능 정도에 액셀포지션 유지

※ 자동차 사진출처 : www.hyundai.com

6. 엔진 흡기구 물 유입과 엔진 시동 OFF와의 관계

침수로에서 엔진 배압이 높아 수압을 이기고 배기가스 배출이 잘되어 엔진 시동이 꺼지지 않아도 엔진 배압이 높은 만큼 엔진 공기흡입구 흡입력(부압)은 높아집니다. 그로 인해 엔진 에어크리너 흡입구 주변에 수분이 들어오면 바로 엔진으로 유입되어 연료 연소 조건이 급격히 악화되어 시동이 꺼집니다.

그러므로 운전자는 침수 상황에 따라 적절한 판단과 생각을 가지고 대응을 해야 합니다. 그래서 각자 자신이 운전하는 차량의 엔진 공기 흡입구 위치를 염두에 두고 운전을 해야 하며 그 범위를 넘어선 환경에서는 더 이상 차량을 진입시키지 말고 신속히 후진을 하거나 신속한 탈출 준비를 해야 합니다.

다음은 대표적인 차량들의 엔진 공기 흡입구 위치를 확인해 보겠습니다.

6-1 준중형 승용차 엔진공기 흡입구(HD 아반테 2010)

정리

1. 통상적으로 사진과 같은 승용차들은 엔진 룸 안에 에어크리너 통과 엔진 ECU/고전압 장치들이 위치해 있어 침수도로 통과시 배압을 높게 유지하여 주행하면 어느 정도 거리까지는 이동이 가능합니다. 그러므로 승용차들은 에어크리너로 물이 유입되어 시동이 꺼지는 것보다 차체 전원장치 누전과 단락 또는 수압으로 배기가스가 제대로 배출되지 못해서 꺼질 수 있는 상황이 더 많습니다.

※ 일부 수입차량의 경우 생각보다 엔진 공기 흡입구가 지면에서 낮게 설치된 차량들은 침수로 통과시 다른 차량에 비해 쉽게 엔진 시동이 꺼지므로 주의를 해야 합니다.

6-2 소형/중형화물/중형승합

6-3 대형 화물/대형 버스

에어크리너 통

에어크리너 통

정리

1. 통상적으로 소형·중형 화물과 승합차량들의 에어크리너 통 설치 위치는 전륜 휠 센터 가로 선 주위에 위치해 있어 침수로 통과시 주위를 기울여야 합니다.

2. 대형 화물 차량 및 버스는 통상적으로 에어크리너 통 위치가 높은 곳에 위치해 있어 상대적으로 다른 차량대비 침수로 통과가 유리합니다.

※ 참고로 중형 화물차량에서 에어크리너 통은 앞타이어 센터 중심선 가로 방향 위치에 장착되어 있지만 흡입구는 긴 통으로 올려 짐칸 위쪽에 설치되어 있습니다. 그래서 어떤 분들은 앞타이어가 물에 잠겨도 주행이 가능할 것으로 생각하지만 사실 에어크리너 통 자체는 완전 방수가 아니므로 물속에 잠기는 순간부터 에어크리너 뚜껑 사이로 물이 유입되어 엔진 시동이 꺼질 수 있어, 신중을 기하셔야 합니다.

7. 고전원 자동차 (순수 전기/수소전기차) 침수로 시동꺼짐 원인

이 장에서는 고전원을 사용하는 차량들이(순수 전기자동차/전기버스/수소전기자동차) 침수로를 통과할 때 시동이 꺼지는 이유를 설명하겠습니다.

고전원을 사용하는 자동차 엔진은 모터이므로 엔진 공기 흡입구와 배출가스 배기구가 없습니다. 그러므로 언뜻 생각하면 침수로에서 운전 시 물로 인한 문제점이 없으므로 모터가 STOP 되는 일이 없어야 한다고 생각합니다.

하지만 여기서 한가지 중요한 사실은 이 차량들은 모터를 구동하기 위해 고전원을 사용하며 통상적으로 360V, 410V, 480V/720V등 고출력·대형 전기차일수록 사용 전압이 높습니다.

이러한 고전압은 인체에 감전사고를 유발할 수 있는 매우 높은 전압이므로 전기 누전에 아주 민감합니다.

단상 220V를 사용하는 가정집에도 누전 차단기가 설치되어 전원선로에 누전이 발생하면 자동으로 전원을 차단하는 기능을 합니다.

그러므로 전기차는 고전압 누전(절연 파괴)를 실시간으로 모니터링 하여, 문제가 발생하면 바로 메인파워를 차단하여 배터리 고전압으로 인한 감전사고가 발생하지 않도록 합니다.

물은 도체이므로 고전압을 사용하는 관련 부품들이 침수가 되면 누전 감시회로가 작동하여 차량 메인파워를 자동으로 차단시켜 모터가 구동되지 않습니다.

물론 고전압을 사용하는 배터리 및 관련 커넥터 등은 방수 기능이 되어 있어 일시적인 침수에는 어느 정도 대응이 되지만 침수 시간이 길어질수록 방수 기능 정상 작동 여부 등 여러 가지 변수는 그 누구도 장담할 수 없습니다. 또한 모터를 제어하는 통신선, 신호선, 센서 라인 등은 내연기간과 동일한 방수 기능이 적용되므로 순간 침수에는 문제가 없을 수 있으나 침수 시간이 길어지면 모터 제어 관련 기능이 마비될 수 있습니다.

그래서 가능하면 전기차는 침수도로 운행 시 내연기관차와 똑같이 생각해야 하며 도저히 피할 수 없는 상황이라면 침수 도로 운전시간을 최소화하고 주행 중 모터 구동이 정지되면 누전 회로가 작동된 것이므로 신속히 차량에서 탈출하여 안전한 곳으로 대피해야 합니다.

누전 회로 작동으로 멈춘 전기차는 다시 시동을 걸어도 그 상태에서는 절대 모터가 구동되지 않습니다.

만약 실내에 물이 침투한 상태에서 전기모터가 정상적으로 구동한다고 해도 어느 한순간 예고 없이 차량이 STOP 될 수 있으므로 가능한 신속히 낮은 수심으로 차량을 이동하거나 탈출 준비를 해야 합니다.[안전벨트해제 및 모든 창문 오픈 등]

7-1 전기자동차의 일반적인 고전압 장치 위치

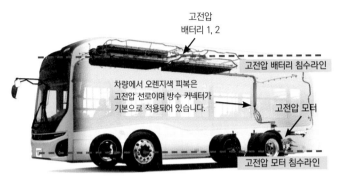

고전압
배터리 1, 2

고전압 배터리 침수라인

차량에서 오렌지색 피복은
고전압 선로이며 방수 커넥터가
기본으로 적용되어 있습니다.

고전압 모터

고전압 모터 침수라인

[1층 전기버스]

※ 사진출처 : www.hyundai.com [일렉시티타운]

참고사항

1. 통상적으로 전기차 고전압 선로 커넥터 (노란색 피복)과 배터리는 수심 1m에서 60분 방수 기준으로 설계된 제품입니다. 그러므로 이론적으로 1m 수심까지는 문제가 없습니다. 하지만 자동 차는 출고 후 사용 환경 정비 및 관리 상태에 따라 침수 환경에서 예상치 않은 누전 문제가 생길 수 있으므로 일반 내연기관 차량 대비 관리 및 정비에 신중해야 합니다.

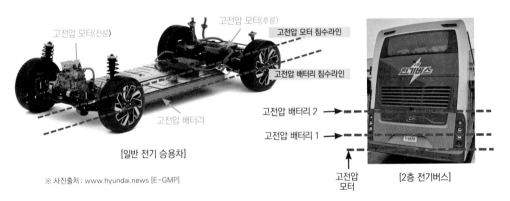

고전압 모터(후륜)

고전압 모터 침수라인

고전압 모터(전륜)

고전압 배터리 침수라인

고전압 배터리

고전압 배터리 2

고전압 배터리 1

고전압
모터

[2층 전기버스]

[일반 전기 승용차]

※ 사진출처 : www.hyundai.news [E-GMP]

※ 참고로 위에 작성된 고전원 침수 라인은 필자가 일반 오너 운전자에게 이해를 돕기 위해 작성한 내용이므로 당신이 운전하고 있는 전기차의 정확한 고전압 배터리 및 관련 고전압 장치들의 침수라인은 해당 자동차 업체에 문의하기 바랍니다.

7-2 전기 자동차의 침수로 Driving을 우려하는 이유?

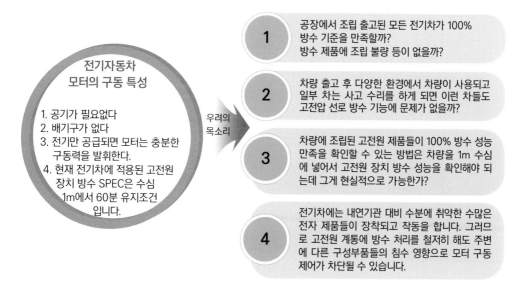

전기 자동차에 적용된 방수 SPEC과 누전차단 기능은 고전원을 사용하는 차량에서 최소한의 안전을 보장하기 위한 장치입니다. 그러므로 맹신을 해서는 절대로 안됩니다. 그리고 수심에 관계없이 침수도로 통과 중 구동 모터가 작동을 멈추면 바로 차량에서 탈출하여 안전한 곳으로 이동하기를 권장합니다.

전기차는 고전원 선로 방수에 문제가 없어도 전기차를 제어하는 EPCU(통신신호/제어 입출력/센서 신호)등은 내연기관 ECU와 동일한 방수 등급이 적용되므로 침수로 인해 누전이 되면 모터 제어 기능이 마비되는 현상이 발생할 수 있습니다.

8. 배기구 침수 높이와 운전자 행동라인

앞서 우리는 침수로를 통과할 때 배압을 높여 소음기 내부로 물이 침투하지 못하도록 수동 저단기어에 액셀을 깊게 밟고 20km/h 이내 차속으로 빠져 나가야 한다고 이야기했습니다. 그렇다면 어느 정도 수심까지 이 방법이 가능할까요?

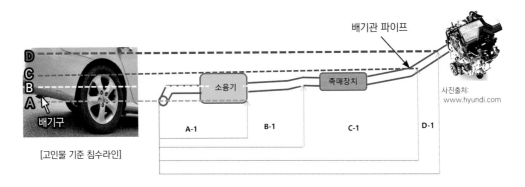

[고인물 기준 침수라인]

배기관 파이프

사진출처:
www.hyundi.com

※ 상기 자료는 배기구 침수 높이에 따른 배기관 내부 물 유입과 배압의 상태를 설명하기 위해 필자가 대략적인 루트를 작성한 자료이며 차량 마다 배기구 높이와 위치 형상들이 모두 다르지만 배기구 침수 깊이가 깊을수록 배기관 내부에 유입되는 물의 양은 많아지고 이 물을 엔진의 배기 가스가 배기관 밖으로 밀어내지 못하면 엔진 시동은 자동으로 꺼지고 재시동이 불가능합니다.

A라인: 고인물 기준 최대 통과 수심으로 배기구가 부분적으로 살짝 잠 길 수 있으나 지속되지 않고 일반적인 액셀 페달 조작으로도 원활한 배기가스 배출이 가능합니다. 일시적으로 시동을 꺼트려도 엔진 계통에 문제가 없다면 정상적인 재시동이 가능합니다.

B라인: 주행금지 라인으로 진입하면 안됩니다. 단, 진입 후 문제가 되었다면 저단기어[승용차 1단] 액셀페달을 가능한 깊게 밟아 엔진 배압을 높여 B-1 라인에 물이 유입되는 것을 막고 신속히 낮은 수심으로 이동해야 합니다. 만약 시동이 꺼졌다면 물이 B-1 라인에 물이 가득 유입되어 배기구가 막히고 대부분의 경우 시동이 걸리지 않습니다.

C라인: 비상탈출 준비라인 [안전 벨트 제거/선루프, 윈도우 OPEN] 시동OFF 시 승객 전원 비상탈출

D라인: 엔진 시동 유무와 관계없이 승객 전원 비상탈출 [정상적인 차량운행 불가/차량탈출 지연시 인명 사고 유발 우려됨]
수압으로 인해 문 열기가 곤란할 경우 유리창을 통해 신속히 탈출합니다. [필요시 가능한 실내 좌·우측 유리창 파손]

9. 하천이나 강에서의 Driving 수심 한계

간혹 불어난 하천물을 차량으로 건너다 차량이 물살에 휩쓸려 전복되는 안타까운 사고들이 발생합니다. 대부분의 차량들은 침수된 하천을 주행하기 위한 구조로 만들어진 차량들이 아니므로 무리한 기대심과 모험심, 호기심은 자칫 이생에서 마지막 운전이 될 수도 있습니다.

여기서 필자가 이야기 하는 운행 가능 하천은 포장이 된 도로로 평소 낮은 수심으로 차량 통행이 정상적으로 가능하지만 우천시 물에 잠겨 침수되는 잠수교를 의미합니다. 절대로 포장이 되지 않은 하천 모래길 및 자갈길 등은 차량이 진입할 수 없는 지역이고 이런 곳에서는 수심에 관계없이 차량이 고립될 수 있으므로 절대로 진입을 금합니다.

차량마다 구조 및 중량 등이 다르지만 이 장에서는 대표적인 RV 차량을 가지고 설명을 드리도록 하겠습니다. 흐르는 물을 횡단하여 차량이 이동할 때 통상적으로 수심에 따라 차체 측면은 큰 힘을 받습니다. 그리고 흐르는 물을 차체가 막는 행위는 아주 위험한 행동이며 하천을 건너는 차량이 전복되는 가장 큰 원인 중 하나입니다.

강이나 하천에 건설되는 다리는 교각이 존재하고 교각은 상판의 무게를 지탱하며 흐르는 물을 흘러 보내는 역할을 합니다.

만일 교각에 흐르는 물을 방해하는 이물질들이 쌓이면 교각은 상황에 따라 붕괴되는 일이 발생합니다. 그러므로 차량이 흘러가는 하천이나 강 등에 침수된 도로를 통과할 때 안전기준을 정확히 이해하고 차량 운행을 결정해야 합니다.

C 사고수심[전복사고발생]
차체가 수면으로 들어올려져 바퀴의 접지력이 상실되고 물에 저항을 이기지 못해 하천에 떠내려 가다 전복되는 상황이 발생한다.

B 위험수심[사고로 이어질 수 있음]
차체가 물의 흐름을 막아 차체 아래쪽 유속이 빨라지고 차체를 부양시켜 타이어의 접지력이 낮아져 원하는 방향으로의 이동이 쉽지 않다.

A 통과 안전수심 [이동거리 최소화]
차체 밑으로 물이 빠져나갈 수 있어 원하는방향으로 주행이 가능하다.

※ 흐르는 물에서의 차량 통과 수심은 흘러내려오는 수량과 유속 등에 따라 위험 요소가 급반전하므로 이동거리는 최소화되어야 합니다.

9-1 사고수심 주행시 유속에 의한 차량 거동의 이해

양력 증가방향

교각효과로 바퀴 사이[차체 하부]를 통과하는 유속은 주변 유속 대비 상대적으로 빠르다

※ 자동차 사진출처 : www.hyundai.com

물에 잠긴 앞·뒤바퀴와 차체는 흐르는 물의 유속을 방해하고 그로 인한 차체 하부 유속이 빨라지면서 차체를 들어올리는 양력이 증가하게 된다. 그러면 차체는 비교적 무게가 가벼운 뒤쪽 바퀴부터 도로에서 들어올려져 중심을 잃고 물에 떠밀려 가면서 차체의 균형은 사라지고 급격한 침수와 함께 차량 전복을 유발합니다.

10. 침수도로 Driving 운전자 대응 Flow Chart

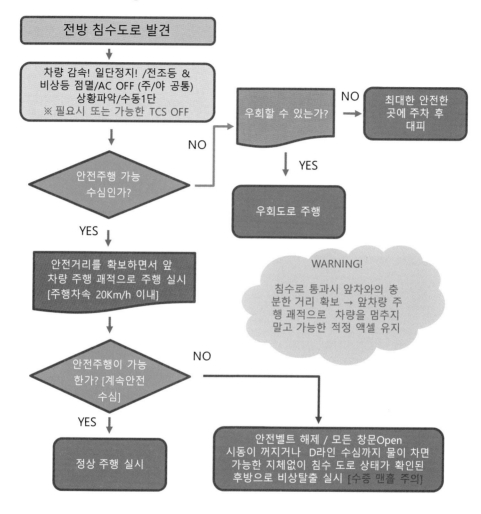

전방 침수도로 발견

차량 감속! 일단정지! /전조등 &
비상등 점멸/AC OFF (주/야 공통)
상황파악/수동1단
※ 필요시 또는 가능한 TCS OFF

우회할 수 있는가? ── NO → 최대한 안전한
곳에 주차 후
대피

NO

안전주행 가능
수심인가?

YES

우회도로 주행

YES

안전거리를 확보하면서 앞
차량 주행 괘적으로 주행 실시
[주행차속 20Km/h 이내]

WARNING!

침수로 통과시 앞차와의 충
분한 거리 확보 → 앞차량 주
행 괘적으로 차량을 멈추지
말고 가능한 적정 액셀 유지

안전주행이 가능
한가? [계속안전
수심]

NO

YES

정상 주행 실시

안전벨트 해제 / 모든 창문Open
시동이 꺼지거나 D라인 수심까지 물이 차면
가능한 지체없이 침수 도로 상태가 확인된
후방으로 비상탈출 실시 [수중 맨홀 주의]

주의 사항

1. 침수도로 운전자는 탑승객 전체 생명을 책임져야 한다는 마음 가짐으로 안일한
생각에서 벗어나 냉철한 판단을 해야 합니다.
2. 침수 도로 운전 중 긴장감을 늦추지 말고 상황이 나빠지면 승객 전원이 탈출할 수
있는 충분한 시간을 감안하고 비상 탈출 준비를 해야 합니다.
3. 비상 탈출 후 가능한 왔던 길을 되돌아서 탈출하고 물살이 소용돌이 치는 지역은
가능한 피하고 수심이 낮은 최단거리로 이동하기 바랍니다.
4. 이동중 맨홀 빠짐, 감전, 수중 장애물에 부상을 입을 수 있으므로 신발을 착용 후
천천히 이동하기 바랍니다.

※ 탈출 루트는 되돌아 가는 것이
원칙이나 상황에 따라 수심이
낮고 탈출 루트가 가장 짧은 코
스로 신속히 이동해야 합니다.

11. 침수 하천도로 Driving 운전자 대응 Flow Chart

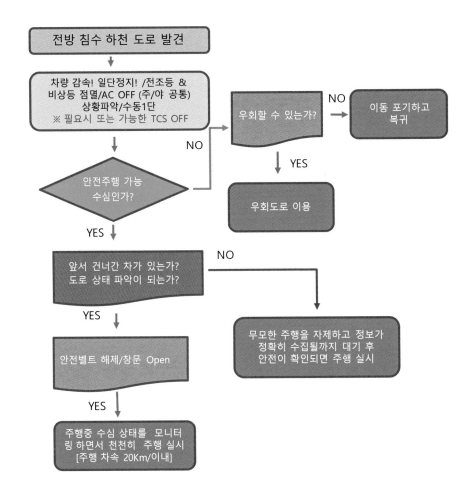

주의 사항

1. 유속이 빠른 하천 침수도로는 운전이 가능한 수심일수록 좀더 신중하게 주변 정보를 확인하고 운전을 해야 합니다.
   특히 초행길 도로이고 주변에 이동하는 차량이 없다면 좀더 신중히 물속 도로 상태 등을 확인 후 이동을 하기 바랍니다.
2. 외진 곳에 위치한 하천 침수 도로는 관리 사각지대에 놓여 있는 경우가 많고 인근 원주민들은 당연히 다 알고 있다고
   생각하고 별도 통제하지 않으므로 신중 해야 합니다.
3. 튜닝된 OFF ROAD 차량이라고 과신하여 무리하게 운전하는 행위는 목숨을 담보로 합니다.

1. 침수도로 운행시 TCS & ESC 는 OFF 해야 되는지요?

침수된 도로를 주행할 때 전자제어 브레이크 장치인 TCS 또는 ESC를 OFF하고 주행하는 게 좋은지 아니면 작동되는 상태(ON)가 좋은지 생각해 보도록 하겠습니다.

일반적인 침수 도로 운전 상황 (고인물)	→	침수로 바닥은 상황에 따라 진흙 / 이물질 등이 깔려 있을 수 있습니다
		구동륜 바퀴가 모두 물에 잠겨져 있고 수심 상황에 따라 차체가 일부 들릴수도 있습니다.
		기어는 저단이고, 엔진 rpm 높음

상황에 따라 TCS 또는 ESC가 작동하여 가속 출력을 제한 할 수 있습니다. 즉 운전자가 Full 가속을 해도 좌/우 바퀴 슬립 또는 차체 Yaw 모멘트가 발생하면 운전자 의지와 상관없이 엔진 출력 감소와 바퀴에 부분 제동을 실시합니다. 이런 경우 운전자는 시동이 꺼지는 현상으로 오인하여 당황할 수 있습니다

이런 상황을 고려하면 침수로 진입전에 TCS & ESC를 OFF하거나 아니면 침수로에서 문제가 발생될 때 OFF 하는 방법이 있습니다. 그런데 여기서 한가지 전제 조건이 있습니다. 모든 차량이 운전석에서 운전자가 필요시 손쉽게 TCS & ESC를 OFF할 수 있어야 합니다. 하지만 차량 마다 그 방법이 다르고 OFF작동법을 모르는 운전자 분들도 의외로 많습니다.

심지어 일부 차량들(르노코리아 및 일부 수입차)은 침수로에서 문제가 생겨 TCS & ESC를 OFF하기 위해서는 엔진시동을 껐다가 다시 켜야 하고 그 방법도 아주 복잡합니다.

※ TCS & ESC 관련 대표적인 차종별 OFF 방법은 본 책자 4장 기상 및 환경조건 대응 드라이빙 내용 중에 13)전자제어 미끄럼 제어장치 OFF에 설명하였습니다.

※ 본인이 운전하고 있는 차량의 TCS & ESC OFF 방법은 자동차 오너매뉴얼 또는 자동차 업체에 문의하십시오. 그래도 잘 모르거나, 확인이 되지 않는 차량은 비공식적으로 근처 자동차종합검사소 검사원에게 문의하면 알 수도 있습니다. 통상적으로 자동차 종합검사 시 매연 및 배출가스 부하모드 검사를 하기 위해서 2WD 차량은 반드시 TCS 또는 ESC를 OFF 해야 합니다.

1. 침수도로 운행시 변속모드는 왜 수동으로 할까요?

침수도로에서 운전시 자동 변속기에서 변속모드를 수동모드 저단에 넣고 차속 20km/h 이내 속도가 유지되게 액셀페달을 깊게 밟는 것을 권장하고있습니다. 이유는 엔진의 구동 토크와 배압을 일정하게 유지하여 안정된 힘으로 물에 저항을 뚫고 엔진 부조 및 시동 꺼짐없이 주행하기 위함입니다.

하지만 변속 포지션을 D 단에 놓고 가속을 하면 물의 저항으로 차체 속도는 증가하지 않았는데 휠이 슬립하게 되고 TCU는 이를 차속이 증가한 것으로 오인해 변속기 어비를 상위 단수로 바꾸게 됩니다. 그렇게 되면 차량 구동 토크가 낮아져 안정된 구동력을 발휘할 수 없습니다.

그렇다면, 수동 모드가 없는 전기자동차는 어떻게 되는지요?

전기자동차는 변속기가 없고 감속기를 통해 모터의 회전토크가 바로 바퀴에 전달됩니다. 그러므로 바퀴가 슬립하여 속도가 올라가더라도 모터 토크 변동이 리니어하게 자동으로 변환되어 구동토크가 불안전하게 변동되는 일은 없습니다.

[자동변속기 자동운전 D단] [자동변속기 수동운전 1단]　　[현대 아이오닉5 전기차 변속레버]

※ 침수도로 주행시 저단에 주행차속을 20km/h 이내로 액셀 페달을 밟는 이유?
　바퀴가 수면에 잠긴 상태에서 과도한 Full 액셀은 바퀴 슬립에 원인이 되고 또한 전방에 과도한 물보라를 형성하여 에어 크리너 쪽으로 물이 유입되어 엔진 시동이 꺼질 수 있습니다.

1. 침수된 차안에서 창문을 깨뜨려야 할 때 사용할 수 있는 유용한 도구는?

침수도로 운행중 급격히 불어난 물로 차량 안에 고립되어 침수중일 때 신속히 문을 열고 탈출해야 하지만 문이 열리지 않을 때는 운전석 좌/우 창문을 깨뜨리고 신속히 탈출을 해야 합니다.

하지만 자동차 창문은 강화유리이므로 쉽게 파손되지 않아 금속성 물질로 유리창 측면을 순간적으로 타격하여 깨뜨려야 합니다.

다음은 자동차 안에서 쉽게 구할 수 있는 타격 물건들입니다. 당황하지 말고 침착하게 타격을 가하면 쉽게 강화유리를 깨뜨릴 수 있습니다.

모서리 부분 집중 타격

[자동차 헤드레스트]

[안전벨트 버클 숫놈 커넥터]

[자동차키]

※ 자동차 유리창 파손은 수압으로 문이 열리지 않을 때 최후 수단으로 선택하는 방법이며 가능한 이 상태까지 가서 탈출하는 일은 없어야 합니다. 그리고 유리창 파손은 가능한 물이 A 라인 이전에 올라왔을 때, 문이 열리지 않으면 차분하게 창문을 깨뜨려야 합니다.

만약 물이 B 라인까지 급속히 차올랐다면 무리하게 창문을 깨고 탈출하기 보다는 차분히 호흡을 가다듬고 탈출 기회를 엿보다가 물이 C 라인에 차면 도어 내측과 외측 수압이 같아져 문이 쉽게 열리므로 잠시 잠수하여 문고리를 당기면서 몸으로 문을 밀어 탈출하기 바랍니다.

유트브 영상으로 배우는 날씨 & 기후 관련 사고들

▶ 1번 영상 빗길사고

https://youtu.be/Pc50cMwh8rc   https://youtu.be/r5hUvEEog8w   https://youtu.be/yVpUr_yTRpg

▶ 2번 영상 눈길, 빙판길, 블랙아이스

https://youtu.be/rivb0xFfMNQ   https://youtu.be/0W626A0batM   https://youtu.be/O3CiferhxZA

https://youtu.be/GAOxsi1lo_Q   https://youtu.be/SEn9ykhvjgg   https://youtu.be/jivq_2IA6YM

▶ **3번 영상 안개도로 사고관련**

https://youtu.be/o_9NLJz7T6l

https://youtu.be/voZ8PF4Flx8

https://youtu.be/Qolu4_E1U4l

https://youtu.be/qLhZCGC6qUE

https://youtu.be/czhRfR–JfYA

https://youtu.be/Bw9ugEti9iQ

▶ **4번 영상 침수도로 운전관련**

htt ps://youtu.be/x_TksEa_RuQ

https://youtu.be/1OGXHdSDvhs

https://youtu.be/yQFJ5ljyGMl

https://youtu.be/wLQK55wKT_c

https://youtu.be/0d7lPfCXtKA

https://youtu.be/8JrpJZJ7nSY

- 빗길 운전사고는 통상 4월, 7월, 11월에 발생빈도가 높으며 주요 사고 원인은 과속과 안전거리 미확보입니다.

- 빗길은 차량속도가 빠를수록 수막현상이 발생하고 이는 차량의 제동거리와 조향기능의 상실을 가져옵니다.

- 빗길에서는 타이어 마모상태, 공기압 등 요소들이 민감하게 연관되므로 관심과 관리가 필요합니다.

- 미끄러운 노면에서 차량거동의 안전성을 유지시켜주는 ESC 장치가 작동되는 영역에서 운전은 금물이며 이는 상황에 따라 목숨을 담보로 할 수 있습니다.

- 침수 도로 운전상황은 사전에 정보를 듣고 재빨리 안전한 도로로 운행하거나 위험을 맞닥뜨렸을 때 최소한 대응 방법을 제시하였습니다.

- 저마찰노면(눈길, 빙판길, 블랙아이스) 관련 사고는 12월, 1월, 2월에 집중적으로 발생합니다. 그러므로 이 계절에는 철저한 차량정비(타이어등)와 과속, 급제동 위험한 운진을 삼가해야 합니다.

- 저마찰노면은 운전자가 인식하지 못하는 충분히 낮은 속도에서도 차량제동 및 조향기능 상실을 가져 옵니다. 그러므로 최고의 예방책은 사전에 도로 상태를 파악하고 대응하는 방법이 최선입니다.

- 안개길 사고는 11월이 가장 발생빈도가 높고 흐린날 사고는 7월과 8월에 발생 빈도가 높습니다.

- 안개도로 사고의 주요원인은 전방시야가 확보되지 않은 상태에서 과속으로 인한 안전거리 미확보가 주요한 사고 발생원인입니다.

- 안개도로 및 흐린날 핵심은 내 위치를 표시해 주는 등화장치입니다. 주기적으로 등화장치를 점검하고 관리가 필요합니다.

수고하셨습니다.

MEMO

인지정보

☑ 운전 중 적절한 시선 처리 방법을 활용할 수 있다.

☑ 4면 경계를 통한 신속한 상황 대처를 할 수있다.

☑ 교차로 등에서의 사고를 예방할 수 있다.

☑ 대형 차량의 특성 이해를 통한 양보와 배려운전을 통해
　안전운전을 실천할 수 있다.

4장

운전 중 운전자 시선 처리 및 대형차량의 특성 이해

시작에 앞서

이번 장은 운전자라면 한 번쯤은 꼭 알아야 할 내용으로 자동차 운전 중 올바른 시선 처리에 대한 내용을 정리하였습니다. 운전자 시선 처리 습관은 안전운전에 아주 중요한 사항으로 처음 운전을 배울 때부터 올바른 시선 처리가 습관화되어야 합니다.

자동차 운전 중 거의 대부분의 정보는 시각에 의존하며 시각에서 판단한 정보를 가지고 운전자는 가속, 감속, 제동, 조향을 실시합니다. 그러므로 운전 중 너무 좁은 시야는 잠재적 대응 능력을 떨어뜨리고 그에 따른 사고를 유발합니다.

그래서 이 장에서는 필자가 그동안 경험한 지식을 기반으로 운전자들이 안전한 운전을 위해서 한번쯤은 알고 있어야 할 운전 중 시선 처리에 대해 간단하게 정리해 보겠습니다.

그리고 도로에서의 교통사고는 운전 부주의로 인한 단독 사고도 있지만 차대차 사고가 많으며 차대차 사고는 대형차, 소형차등 도로를 운행하는 모든 차량들이 그 대상입니다. 그런데 가급적이면 승용차와 대형 차량과의 충돌 및 접촉 사고는 없어야 합니다.

둘만의 사고를 떠나 도로 전체를 마비시키고 승용차 운전자의 사고 데미지는 상상을 초월할 수 있습니다. 그래서 마지막으로 대형 차량에 대한 올바른 차량 특성을 이해하고 이를 통해서 올바르게 대응함으로써 대형 차량과의 접촉 사고를 최소화할 수 있기를 바랍니다.

운전자 시선 처리 Driving

1. 시선 처리 운전이란?

시선 처리 운전이란? 이 장에서는 필자가 생각하는 나름의 기준으로 정의하고 그것에 대한 대응 요령에 대해 정리해 보도록 하겠습니다. 인터넷 및 유튜브 자료를 검색 해보면 운전 중 운전자 시선 처리 관련하여 다양한 설명들을 쉽게 접 할 수 있습니다. 하지만 이러한 내용들이 체계적으로 정리되어 있지 않아 다소 혼란 스러울 때가 있습니다. 그래서 이 장에서는 운전 중 올바른 시선 처리 방법을 이해하고 이를 실제 운전에 적용함으로써 다양한 운전 환경에서 교통사고가 발생하지 않도록 하는 것이 최선의 대응 방법임을 알리고자 합니다.

일단, 차량을 운전할 때 운전자 대부분의 운전 정보는 시각에 의존합니다. 즉, 눈을 감고 한치 앞도 운전할 수 없듯이 운전자의 시각은 매우 중요합니다. 그런데 운전자가 눈을 뜨고 앞만 보고 운전을 한다면 운전자 전체 시각에 1/4 밖에 사용하지 않으므로 운전 중 발생할 수 있는 다양한 환경에서의 대처 능력이 현저히 떨어지고 그로 인한 교통사고를 유발할 수 있습니다.

운전자 시선 처리 Driving ?

운전자가 Driving하는 차량 주위(전, 후, 좌, 우)를 실시간으로 분활하여 관찰하면서 운전하는 방법으로 차량 주변에서 벌어지는 다양한 이동 타깃(차량, 사람, 오토바이, 자전거)들을 실시간으로 모니터링하여 교통사고가 최소화될 수 있도록 운전하는 방법이다.

물론 여기에서 제시하는 방법들이 모든 상황에 만족할 수는 없겠지만 운전 중 올바른 운전 시각을 이해하고 운전에 적용한다면 이상 증후들을 사전에 파악함으로써 교통사고의 손실을 최소화할 수 있을 것으로 판단합니다.

2. 운전자 시선 처리 영역

자동차의 운전은 운전자의 시야를 통해 들어오는 정보를 가지고 가속, 감속, 제동, 조향을 실시합니다. 그러므로 운전할 때 운전자는 차량주변 전체를 모니터링하면서 그 환경에 적절한 운전을 해야 합니다. 하지만 운전자들마다 차량 운전 중 집중하는 시야가 모두 다르고 그에 대한 기준 또한 없습니다.

각자 알아서 잘 보고 운전해라. 그래서 필자는 그동안 다양한 운전 경험과 사고를 통해 얻은 운전 중 나름 적정한 시선 처리(분배)관련하여 설명을 드리겠습니다.

필자가 생각하는 운전 중 시선 처리는 고정된 값이 아니고 운전 상황에 따라 그 포지션의 비중이 바뀌는 방식입니다. 즉, 운전 중 어느 쪽에 위험 타깃이 우선할 깃인가를 판단하고 그 쪽에 우선하여 시선 처리 비중을 높이는 방법입니다.

통상적인 운전자의 시선 처리 영역은 다음 그림과 같습니다.

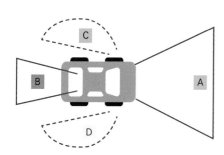

구 분		특 징
전방 시야	A	전면창을 통해 확보되는 시야로 운전자의 메인 시야이며, 시야 범위도 가장 넓습니다.
후방 시야	B	룸미러 를 통해 후방창을 통과하여 관측되는시야로 범위가 제한적이고 좁습니다. 일부 화물차량들은 짐을 적재하거나, 튜닝된 차량은 후방시야가 "O"인 차량도 있습니다.
좌측방 시야	C	좌측 사이드 미러를 통해서 관측되는 시야이며 운전자의 시트 위치, 미러 각도 등에 따라 그 범위가 달라집니다.
우측방 시야	D	우측 사이드 미러를 통해서 관측되는 시야이며, 운전자의 시트 위치, 미러 각도 등에 따라 그 범위가 달라집니다.

3. 운전자 시선 처리 영역

아래사진은 필자의 차량에서 촬영한 시선 처리 영역 사진입니다. 사진으로 보아도 각각 시야의 특성을 확연하게 확인할 수 있습니다.

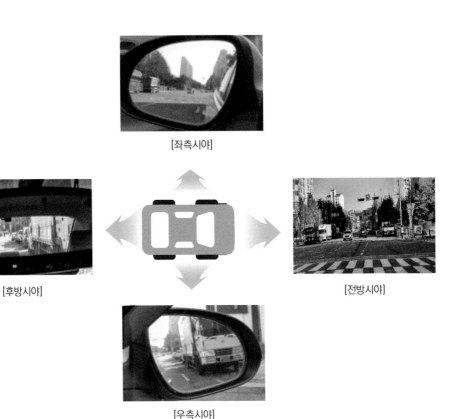

[좌측시야]

[후방시야]

[전방시야]

[우측시야]

차량을 운전할 때 위의 4가지 시야를 통해 들어오는 정보를 가지고 가속, 감속, 차선 변경 등을 실시합니다. 그러므로 운전자는 주행하는 차량에서 각각의 운전 상황에 따라 적절한 시선 분배 처리를 통해 정보를 판단하고 차량을 Control 합니다. 그래서 각각의 방향에 원활한 상황 파악을 위해 사전에 올바른 운전 자세, 룸 미러&사이드 미러 셋팅이 꼭 필요합니다. 만약 이러한 내용들을 지키지 않고 운전한다면 주변 운전 상황을 제대로 인지하지 못해 교통사고의 원인이 됩니다.

4. 운전자 상황별 시선 처리는 어떻게 하는게 좋을까요?

그렇다면 실제 운전 중 운전석에서 보여지는 4방향의 시야를 어떻게 분배해서 보는게 좋을까요?

다음은 필자가 생각하는 운전 상황별 시선 처리에 대한 생각입니다.

▶ **편도 1차로 운전시** [우측도로 주행시]

편도 1차로에서는 A 전방시야, B후방 시야, C, D 좌·우측 시야에 시선 처리를 분배하면서 운전을 합니다.

A: 전방시야는 **1** **2** **3** 주변 이동물체에 대해 시선을 집중합니다. 통상 **1**은 전방 차량 **2**는 보행자, 자전거, 오토바이, 동물이고 **3**은 맞은편 차량, 오토바이, 자전거 등입니다.

B: 후방시야 **4**는 차량 뒤에서 따라오는 후속 차량입니다.

C: 좌측방 시야 **5**는 차량 뒤에서 중앙선을 넘어 추월하는 이동 물체(차량, 오토바이)가 그 대상입니다.

D : 우측방 시야 ❻은 좁은 갓길로 추월을 시도하는 오토바이가 그 대상이 될 수 있습니다.

그렇다면 위에 4곳에 시선 배분을 어떻게 하면 될까요?

시선을 배분함에 있어 4곳을 각각 한 화면씩 고개 돌려 운전할 수 없습니다. 즉 전면 창 시선을 메인 화면으로 놔두고 살짝 곁눈으로 후방, 좌·우측 시야를 확인합니다. 단, 무언가 곁눈질한 후방 또는 좌·우 측방에 문제가 있을 때는 전방 시야의 포지션을 줄이고 문제가 되는 시야 상황에 포커스를 두고 운전 대응법을 준비해야 합니다.

다음 사진은 전방에 메인 시야를 두고 우측 눈으로 후방 또는 좌측방을 곁눈질로 확인하는 사진입니다.

[왼쪽눈의 포커스는 A를 보고 오른쪽 눈으로 곁눈질을 하여 B와 D에 시선을 처리하는 경우입니다.]

[왼쪽눈의 포커스는 A를 보고 오른쪽 눈으로 곁눈질을 하여 B 에 시선 처리하는 경우입니다. B상황을 좀 더 자세히 볼 수 있습니다.]

여기서의 핵심은 운전석에서 운전 중 이렇게 A, B, D에 시선 처리를 하기 위해서 운전자의 올바른 시트 착석 자세+룸미러+좌/우 사이드미러가 각도 조정이 잘 되어 있어야 합니다. 그 자세는 이미 1장에서 설명하였습니다.

우측사진은 반대로 오른쪽 눈을 A 메인에 두고 왼쪽 눈을 곁눈질하여 C에 시선 처리를 하는 경우입니다.

이렇게 함으로써 운전자는 운전석에서 최대한 가능한 선에서 4면에 시선을 처리하여 내 차량을 중심으로 주변에 움직이는 대상들의 상황을 모니터링 할 수 있습니다. 물론 이런 습관이 금방 익숙해지지는 않습니다. 나름의 노력과 습관이 필요합니다.

이렇게 하다보면 운전 중 눈동자를 수시로 움직이므로 오히려 전면창 A만 바라보고 운전하는 것보다 딴 생각을 하면서 운전할 수 있는 상황을 줄일 수 있습니다.

그렇다면, 왜 이렇게까지 곁눈질하면서 운전을 해야 하죠? 이렇게 운전 중 운전시야를 가져가면 다른 곳에 시선을 뺏길 수 없습니다. 즉 핸드폰 사용, 기타 등등... 그러므로 운전에 모든 시야가 집중됩니다.

앞서 설명했지만 운전 중 모든 판단은 운전자 시야에 의존합니다. 그러므로 넓고 안정된 시야는 내 차를 중심으로 주변 상황들을 실시간으로 파악할 수 있어 이상 징후(나에게 교통사고 위협이되는 상황) 발생 시 신속히 대응할 수 있는 시간을 가져갈 수 있습니다.

필자의 교통사고 경험을 보면 도로에서의 모든 교통사고는 사전에 그 징후가 있습니다. 그런데 일반 운전자들은 사고 후에 그 이상 징후를 이해합니다. 이상 징후 현상은 먼저 그 상황을 인지해야 가능하므로 운전 중 시선처리는 엄청 중요합니다.

　교통사고는 나만 운전 잘 한다고 사고가 안일어나는 것은 아닙니다. 뒤에서 추돌하고 옆에서 끼어들다가 내차량 측면을 강타하고 말도 안되는 상황들이 도로 위에서 발생합니다.

5. 운전 중 가장 중요한 전면 시선 처리 및 모니터링 방법

　운전 중 시선 처리에 가장 많은 비중을 차지하는 전방 시야 A면에 대해 좀 더 자세히 정리해 보겠습니다. 도로에서의 차량은 오직 앞으로 진행합니다. 그러므로 운전자가 주행시 출발지부터 목적지까지 예상되는 모든 상황들은 주행 경로앞에 존재합니다.

　이 상황들은 진행하는 차량의 속도로 결정됩니다. 즉, 내가 빠르게 달려가면 미래의 상황들이 빨리 나타나고, 내가 천천히 달려가면 그 상황들은 늦게 나타나게 됩니다. 자동차 속도가 빠를수록 대응할 수 있는 시간이 짧아 교통사고 유발의 원인이 됩니다.

　그래서 운전 중 10중 추돌, 25중 추돌 대형 사고들이 여기서 발생합니다. 전방 상황을 모르고 너무 빠르게 달린 것 뿐인데 그 댓가는 너무나 가혹합니다. [2015.2.11 영종대교 106중 추돌 2명사망 130명부상]

　즉, 전방 시야를 운전 상황에 따라 때로는 넓게, 때로는 멀리 집중해서 봐야 하는 이유입니다. 그리고 거기에 대응하여 차량 속도를 줄이고 안전거리를 확보하여 황당하게 다가올 미래의 상황에 대응해야 합니다.

　전방 시야가 불량하거나 파악이 되지 않는다면(안개, 빗길, 눈길 등등) 운전자는 당연하게 불안함을 느껴야 하며 그만큼 조심 운전을 해야 하는데 이런 상황에서도 전혀 불안하지 않고 용기있는 운전자는 언젠가 그에 상응한 댓가를 치르게 됩니다. 그것도 자신뿐 아니라 아무 죄 없는 주변 운전자들한테까지 그러므로 운전자의 전방 시야는 운전 상황, 날씨, 도로환경에 따라 수시로 시선 처리 영역과 포커스를 다르게 적용하여, 앞으로 다가올 상황에 대응하는 습관으로 운전을 해야 합니다.

아직도 필자가 출·퇴근 길에 주변 차량들의 운전 습관을 보면 너무 좁은 시야를 가지고 운전하는 차량들을 종종 보게 됩니다. 이런 차량들의 특징은 브레이크 밟는 패턴이 급하게 이루어집니다.

필자는 전방이 오픈된 곳은 가능한 멀리 보며 운전을 하고, 100m 전방에 신호가 빨간불로 바뀐 것이 확인되면 가속 페달에서 발을 제거하고 차체 탄력으로 감속을 합니다. 물론 앞차와의 거리가 너무 멀어지면 부분 가속을 하여 차간 거리를 유지합니다. 출/퇴근 시간대 차가 막히는 구간에서의 차간 거리는 가능한 최소화해야 하기 때문에...

앞에 차량이 예상되는 행동(가속, 제동)은 그 차량 앞에 차량들의 움직임을 보면 예측할 수 있습니다. 즉, 그 차량들이 브레이크를 잡으면 앞차가 시간차를 두고 브레이크를 잡을 것이고, 가속을 한다면 앞차 역시 가속할 것이기 때문입니다.

즉, 시선을 어디에 두고 운전 상황을 판단하는가에 따라 앞쪽 상황을 미리 예측할 수 있어 안정된 운전이 가능합니다. 물론 이런 운전법은 연비에도 많은 도움이 됩니다. 하지만 시선을 좁게 하고 앞차만 보고 운전을 한다면 모든 운전이 불안하고 조급해질 수밖에 없기 때문에 수시로 브레이크 페달을 사용하게 됩니다. 운전 환경에서 대형 차량들이 앞에 있으면 전방 시야가 상당히 제한되어 운전할 때 불안감을 느끼게 되므로 차량이 출발할 시점이 되면 차선을 변경하여 원하는 뷰가 나오는 조건에서 가능한 운전을 합니다.

아파트도 뷰가 좋은 곳에서 살면 기분이 좋듯이 운전할 때도 가능한 시야가 멀리보이는 조건에서 운전하면 기분이 좋고 마음이 편안합니다.

좌측 사진은 필자가 운전 중에 블랙박스로 촬영한 전방 뷰 사진입니다. 필자 차량도 일반 승용차로 좌석 높이가 낮지만 전체적으로 주행할 방향에 대한 교통 상황을 한눈에 볼 수 있는 상태입니다.

물론 날씨, 기상, 도로 형태 등, 이동 차량 등에 따라 전방 뷰는 수시로 바뀝니다. 하지만 여기서 신경쓸 사항은 가능한 운전 조건의 뷰는 운전자가 만든다는 사실입니니다.

그러므로 운전자는 운전 중 특히 속도가 높아질수록 전방 뷰에 대해 신경을 써야 하고 뷰가 나쁜 환경 또는 운전 조건에서는 절대 감속, 안전거리 유지가 필수 사항 입니다.

우측 사진은 운전 중 좋지 않은 뷰에 해당되며 일시적으로 이런 뷰가 만들어졌다면 주행하면서 서서히 인정된 뷰가 나올 수 있도록 운전 환경을 바꿔야 합니다.

우측과 같은 뷰는 막힌 도로에서 서서히 주행할 때 별다른 문제가 되지 않지만 차속이 증가할수록 벽보고 운전하는 느낌이므로 트럭 앞의 상황을 알 수가 없습니다. 그러므로 트럭이 급정거를 하거나 급회피 등을 할 경우 당황하게 되고 미처 대응할 수 없어 교통사고에 휘말릴 수 있습니다.

이런 경우 차량 속도가 빨라질수록 앞

차와의 충분한 안전거리를 확보하고 주행하는 것이 현명합니다.

또한 대형차 뒤에 바짝 붙어 주행하는 소형차들은 운전자 시각의 사각지대에 놓이게 되므로 특히 앞뒤 대형차 사이에 승용차가 주행하지 않도록 당부하고 싶습니다.

아래 사진은 필자가 퇴근길에 화물차 뒤에서 주행한 뷰와, 화물차를 추월하여 화물차 앞에서 주행할 때 뷰를 블랙박스 영상으로 촬영한 사진입니다.

화물차 뒤에 바짝 붙어 운전하는 것은 마치 커다란 벽보고 운전하는 것과 같습니다. 가급적 이런 뷰 상태에서 과속 또는 급격한 차선 변경은 금물입니다. 속도가 빠르고 전방 시야 확보가 되지 않을수록 앞차와의 안전거리를 유지하고 가급적 안정된 뷰가 나올 수 있는 환경에서 운전하는 습관을 가지기 바랍니다.

[화물차 뒤에서 붙어 운전할 때 전방뷰]

[화물차를 추월하여 운전할 때 전방뷰]

그렇다면 운전 중 전면 시야의 포커스와 뷰각은 어떻게 하는 것이 좋을까요?

필자의 운전경험을 기준으로 하면 뷰 포커스와 뷰 각은 운전 환경, 도로, 날씨 등에 크게 좌우 하지만 가장 큰 요소는 내 차량의 속도입니다.

즉 차량의 속도가 낮을수록 뷰각은 넓게 보이고 포커스는 가까운 곳에 집중을 하게 되고, 반대로 차량의 속도가 높아질수록 뷰각은 좁아지고 포커스는 먼 곳을 집중하게 됩니다.

차량의 속도가 빨라진 상태에서 고속 주행시 차량 바로 앞에 문제가 발생해도 물리적으로 해결할 방법은 없으므로 물리적 대응이 가능한 영역에 뷰각과 포커스가 정해져야 합니다.

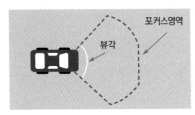

[차량속도가 느릴 때 뷰각과 포커스]

[차량 속도가 빠를 때 뷰각과 포커스]

6. 운전 상황에 따른 시선 배분

앞서 우리는 전면창에 대한 시선 처리 및 속도에 대한 뷰각과 포커스에 대해 정리해 보았습니다. 그럼 이제부터 좀 더 운전 상황에 따른 실전 시선 배분에 대해 정리해 보겠습니다.

운전을 하다보면 가속, 제동, 선회, 추월, 차선변경 등 운전자는 목적지까지 이동하기 위해 주변에 함께 움직이는 차량들과 뒤섞여 운전하게 됩니다. 그러므로 운전자들은 운전 중에 상당히 예민해집니다. 그러다 보니 상대 운전자의 작은 행동에도 스트레스를 받고 심한 경우 경적과 주행빔을 깜빡이고 상대 운전자를 위협하는 경우도 발생합니다.

필자뿐만 아니고 전세계 운전자 모두가 같습니다. 즉, 내 주변 운전 상황에 올바른 시선 처리를 하지 않고 급제동, 급차선 변경 등 운전을 하다보면, 이런 상황이 생기고 심한 경우 교통사고로 이어집니다.

6-1 가속하며, 직선로 주행시 [경계모드]

운전 중 가장 일반적인 상황이며 경계모드입니다. 특별한 이벤트가 없다면 운전자는 편하게 목적지까지 운전합니다. 단, 앞으로 다가올 이벤트에 대해 충분히 대응할 수 있도록 차량 주위 4곳을 실시간으로 경계 즉 모니터링 합니다.

모니터링시 가능한 편안한 자세로 긴장을 풀고 운전합니다. 대신 앞으로 다가올 수많은 이벤트 들을 위해 뷰 영역을 기준으로 시선을 분배하며 운전합니다. 물론 운전하는 도로 포지션에 따라 시선 배분 및 집중도가 조금씩 다릅니다. 아래 그림은 중앙선이 있는 편도 1차선 도로입니다.

시선 집중은 당연히 앞으로의 이벤트가 가장 많이 포진하고 있는 A 포지션에 집중하고 중간중간에 A-B, A-D, A-C 순으로 돌아가며 곁눈질을 합니다. 즉 4주 경계를 통해 내차 주변에 다가오는 위험 요소 이벤트들에 대해 사전에 징후를 파악하고 대응하기 위해서 입니다. 즉 A-B 경계 중 B영역에 바짝 붙어 운전하는 차량이 있다면 경계모드에서 주의 모드로 변환하고 신경을 써야 합니다. 이 차량은 C 또는 D영역으로 추월을 시도할 확률이 높습니다. 이런 상황에서 운전자는 급감속을 자제하고 낮은 제동 압력으로 길게 제동하는 습관이 필요합니다. 충분히 뒷차량이 안전거리를 유지 할 수 있도록.

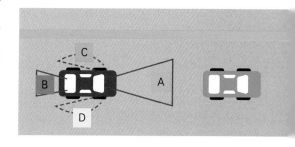

※ 이벤트란? : 운전 중 발생할 수 있는 모든 상황을 말하는 것입니다.(도로 낙하물, 로드킬, 앞차량 사고, 신호등 및 기타 등등 원활한 교통 흐름을 방해하는 모든 요소) 이벤트가 적을 수록 목적지까지 가능한 속도에서 안전하게 빨리 도착할 수 있습니다.

아래 그림은 통상 차량 속도가 높은 편도 3차선 도로에서의 시선 배분 및 처리입니다.

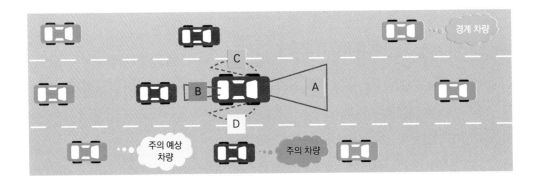

일단 필자가 이해를 돕기 위해 주변 차량들을 3분류로 나누었습니다. A뷰에 있는차량들은 나보다 앞서가는 차량으로 도로에서 특별한 이벤트가 발생하면 가장 먼저 대응할 차량들입니다. 즉 경계대상 차량으로 이 차량들의 행동을 통해 운전자가 상황에 대응할 수 있는 시간을 가질 수 있습니다. 단 적절한 차간거리가 확보되었을때만 가능합니다.

내 차량 주위에 바짝 붙어있는 주의 차량들은 내 차량과의 거리가 가까울 때 어떠한 돌발상황 발생 시(급제동, 급조향) 가장 교통사고 위험이 높은 차량들입니다. 그리고 이 차량들은 갑자기 내차 앞으로 추월하여 급제동할 수도 있으므로 상황을 예의 주시하면서 운전을 해야 합니다.

그리고 맨 후방에 있는 주의 예상 차량은 잠재적으로 주의 차량으로 바뀔 수 있는 차량들이므로 반경계 수준으로 모니터링하면 됩니다.

그래서 시선 경계는 잠재적 위험 요소가 클 것으로 판단되는 순으로 A에 집중하고, A-B(주의:★ ★ ★) A-D, A-C(★ ★)순으로 주변 상황을 모니터링 하다가 브레이크 감속시 B 위치에 있는 차량이 추돌하지 않도록 적절한 감속을 유도해야 합니다. [이런 상황에서 내 차량의 제동등 정상 작동 여부는 아주 중요한 역할을 합니다.]

7. 교차로 진입시 시선 처리

보통 시내 도로를 운전하다보면 다양한 교차로를 만나게 됩니다. 즉 각각의 방향에서 직진하던 차량들이 한 곳에 모여 각자의 방향으로 진입로를 변경하고자 할 때 일시 멈추어 교통신호에 지시대로 움직이는 곳입니다. 그런데 이런 교차로에서 생각지도 않은 사고들이 종종 발생합니다. 물론 신호 위반에 의한 사고도 많지만 운전자가 조금만 시선 처리에 신경을 쓰면 예상치 않은 사고를 예방할 수 있습니다.

우측 그림은 대표적인 4거리 교차에서 직진 신호를 받고 건너편 도로로 직진하는 경우입니다.

먼저 차량 A는 직진 신호를 받고 B 방향으로 움직일 예정입니다. 이때 A차량 운전자는 시선 처리를 어떻게 해야 할까요?

여기서 A 차량이 B방향으로 가기 위해서는 위험 타깃 차량 C, D가 존재합니다. 물론 이 차량들이 모두 신호를 충실히 지켜서 정지선에 대기한다면 아무런 문제는 없습니다. 그러면 A차량 운전자는 전방만 보고 운전하면 됩니다.

그런데 현실은 그렇지 못한게 문제입니다.

만약, 이런 교차로에서 A 차량이 신호를 무시하고 돌진하는 타깃C 또는 타깃 D에 충돌을 한다면 과연 데미지는 누가 더 클까요?

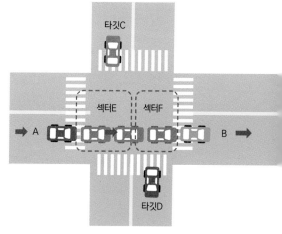

[그림A: 4거리 교차로에서 직진하는 상황]

정답은 A차량입니다. 이유는 차체 중 방호력이 가장 약한부분이 문쪽입니다. 즉 타깃C 와 충돌하면 운전자가 다치고 타깃D와 충돌하면 조수석에 탑승한 사람이 다칩니다.

물론 타깃 C와 D가 잘못했지만 문제는 그 사고로 인한 육체적 고통과 정신적 충격은 누구도 대신할 수 없습니다. 따라서 '방어운전'이란 단어가 생기게 되었습니다.

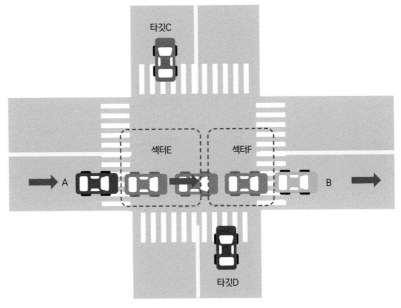

[그림A: 사거리 교차로에서 직진하는 상황]

그렇다면 상기와 같은 교차로에서 시선 처리는 어떻게 할까요?
다음은 오직 필자의 견해입니다. 정답은 없습니다.

신호가 바뀌면 일단 전방을 주시하면서 섹터 E에 진입 전에 시선을 좌측으로 잠시 돌려 타깃 C 주변 차량 진입 상태를 확인하고 위험 요소가 없다면 좀더 진행하여 전방을 메인 시야로 해서 타깃 D쪽 주변차량 진입 상태를 확인합니다.

그래도 위험 요소가 없다면 바로 B방향으로 빠져 나가면 됩니다. 그리고 여기서 한 가지 핵심은 신호 위반 차량들이 대부분 황색불에서 녹색불로 바뀌는 1~3 초 사이에 문제를 일으킵니다. 그러므로 A차량은 B방향으로 빠져나갈 때 녹색불로 바뀌고 1~2초 사이에 천천히 좌·우를 보면서 통과하는 습관을 들인다면 교차로에서의 예상치 못한 사고를 최소화할 수 있습니다.

그림 B는 차량 A가 교차로에서 좌회전하는 상황입니다. 이 상황에서도 시선 처리는 앞서 설명드린 교차로에서 직진하는 A차량 방법과 거의 동일합니다.

그림 C는 차량 A가 교차로에서 우회전하는 상황입니다. 이 상황의 특징은 차대차 사고보다 차대 보행자 충돌 사고가 특히 자주 발생하고 인명 사고 다발 지역으로 이슈화된 상황입니다.

그러므로 운전자는 우회전시 **잠시 멈추고** 기본적으로 섹터 E쪽을 확인하고 **우회전을 함과 동시에** 바로 고개를 돌려 섹터 G쪽에 있는 보행자, 킥보드, 자전거, 오토바이와 접촉 사고가 생기지 않도록 신경 써야 합니다.

[교차로 보행자 사고가 가장 많이 발생하는 상황입니다]

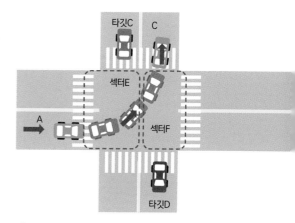

[그림B: 4거리 교차로에서 좌회전 하는 상황]

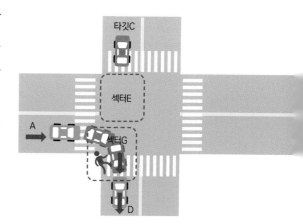

[그림C: 4거리 교차로에서 우회전 하는 상황]

8. 직진 주행 감속시 시선 처리와 내 차량의 감속도는?

일반도로 주행 중 통상적으로 감속의 원인은 교통신호에 의한 경우가 많습니다. 모든 시내 및 국도는 교통신호 지시에 의해 차량이 움직인다고 해도 과언은 아닙니다.

아래 그림은 전방 신호등의 표시에 의해서 타깃 차량 D, C, B가 연동하여 감속을 합니다. 그러므로 차량 A는 가능한 시선을 신호등과 타깃 차량 D, C, B에 시선과 포커스를 분배합니다. 그래야 전체적인 감속 상황을 보고 여유있게 제동을 할 수 있습니다.

그렇지 않고 전방 제동 상황을 타깃 차량 B만 보고 제동한다면 잦은 감속이 될 수 있고 예상 못한 상황에서 타깃차량 F가 끼어들면 타깃 C가 급제동 하게되고 이를 본 타깃 B도 급제동을 피할 수가 없습니다.

그런데 차량 A가 타깃차량 D, C를 시선에 두고 있으면 타깃 F의 돌발 상황을 예측할 수 있어 타깃 C와 비슷한 타임에 감속할 수 있으므로 타깃 B의 급제동에 여유가 생기게 됩니다.

물론 여기서 진짜 중요한 사실은 내 뒤를 바짝 쫓아오는 타깃 차량 E는 전방 상황을 볼 수 없어 차량 A가 급제동하면 거의 추돌 사고가 발생할 확률이 높습니다.

그런데 차량 A는 평소 전후방 시선 처리 결과로 타깃 E가 근접해 있다는 사실도 알고 있고 전방에 타깃 F의 돌발 상황을 멀리서 인지했으므로 급제동 상황을 만들지 않습니다.

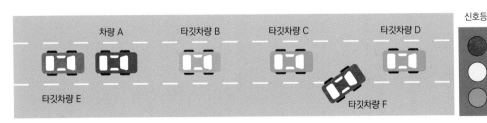

[직진 주행중 앞차량 감속시 내 차량의 감속도]

그래서 앞서 설명을 드린 것처럼 차량 속도에 따른 시야와 시선 분배의 중요성이 여기서 나타나게 됩니다. 그래야 교통사고에 대한 손실과 데미지를 최소화할 수 있습니다.

9. 운전 중 시선 처리 및 분배 정리

이 장에서는 운전 중 최대 핵심요소인 뷰와 시선 처리에 대해 일반 운전자들이 알고 있어야 할 내용에 대해 정리하였습니다. 운전할 때 모든 판단과 행동은 시각에서 얻어진 정보로 이루어집니다.

그러므로 시각에 대한 정보에 따라 그만큼 운전에 여유가 생기고 교통사고 위험도 최소화할 수 있습니다. 그런데 이런 시각 정보를 얻기 위해서 운전자의 운전인식과 운전 중 시선 분배 및 처리에 대해 어느 정도 습관이 되어 있어야 합니다. 그래서 「방어운전」이란 4면에 시각 정보를 바탕으로 주변 상황을 적절하게 판단하여 대응하는 것을 말합니다.

운전 중 시선 처리
- 운전 중 운전자 판단은 모두 시각에 의해서 이루어진다
- 운전석에서의 시각은 날씨, 환경 운전자의 상태 등에 따라 제한적이고 특히, 후면과 좌·우는 전면창 대비 시야가 좁고 불안전하다.
- 운전자의 시선배분 및 처리는 운전자의 의식, 운전습관에 의해서 좌우된다.

1 운전 중 운전자 시야
속도가 빠를수록 멀리보고 운전한다.

2 전방시야 확보=차간거리
도로에서 전방시야가 확보되지 않는 상태에서 과속 추월은 목숨을 담보로 한다.

3 운전 중 시선 분배
운전 중 시선분배는 4면이 원칙이며 운전 상황에 따라 비중을 조금씩 달리합니다.
특히 교차로 통과 시 좌·우 시선 처리에 비중을 높여야 합니다.

4 차량 감속 및 차선 변경
차량감속 시, 후방시야 확인은 필수이며 추돌 사고를 예방할 수 있다. 또한 차선변경 시 사전에 실시간으로 확인한 충분한 시각 정보를 바탕으로 시간적 여유를 가지고 합니다.

대형 차량의 특성 이해

이 장을 통해서 대형 차량들의 특성을 이해하고 도로에서 운전 중 서로가 충분한 이해와 배려를 통해 대형 차량들과 엮이는 교통사고가 없기를 바라며, 집필합니다.

1. 대형차량과 일반 차량들의 총중량 비교

아래 그래프는 도로에서 운행중인 대표적인 차량들에 대해 차량 총중량(공차중량 +최대적재량)을 비교해 보았습니다.

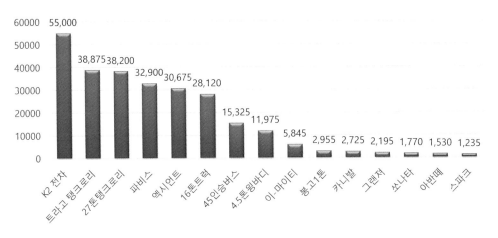

▲ 차량별 총중량 비교(Kg)

위의 그래프는 일반 운전자들의 대표적인 이해를 돕기 위해 차량 제원표를 기준 으로 필자가 작성한 자료입니다. 통상 승용차는 총중량 상태에서 운전하는 경우는 드물지만(승차좌석 인원 전원탑승) 대형 차량들은 대부분 화물을 운송하기 때문에 총중량 또는 총중량을 오버해서 과적 상태로 운전하는 차량도 일부 있습니다.

상기 그래프만을 기준으로 본다면 대형 차량 중 일부는 K2전차 중량에 근접한 무게로 제한차속 90km/h 속도로 주행하고 있습니다.

트라고 탱크 로리는 5명이 승차한 스파크 차량 31대 무게입니다. 두 차량이 접촉 사고가 난다면 여러분은 어떤 생각이 들겠습니까? 그리고 38톤이 넘는 차량이 가속이 붙은 상태에서 브레이크를 밟으면 쉽게 제동이 될까요?

모든 차량은 충돌시에 외력을 받으면 이 힘이 클수록 운전자의 데미지는 크게 작용합니다.

즉, 뉴턴의 제2법칙 F=M·A[물체에 작용하는 모든 외력의 총합은 질량×가속도] 측 차량의 무게가 크고 속도가 높을수록 충격을 가하는 힘은 커진다는 이야기입니다.

자동차에 부딪히는 충격의 데미지는 상대편 차량의 무게가 크고 속도가 빠를수록 크게 작용합니다.

[사진출처: 현대자동차 홈페이지]

211

첫번째: 대형차들은 차량 종류 및 적재 중량에 따라 차량 중량이 상상을 초월하는 경우가 많습니다.

두번째: 차량이 탄력이 붙으면 급제동이 쉽지 않고 급제동시 차량 적재물 쏠림 및 이탈 등이 발생하고 차량 거동이 상당히 불안해집니다. 그래서 대형차 운전자들이 운전 중 극심한 스트레스를 받는 행위가 대형차 앞에 갑자기 끼어 들어 브레이크를 밟는 경우입니다. 이런 경우 끼어 든 차량의 운명은 하늘에 맡기는 수밖에 없습니다.

2. 대형 차량과 일반 차량의 운전석 시트 높이 비교

대형차량의 또 다른 대표적인 특징은 차고가 높습니다. 그래서 차고가 높은만큼 운전석 시트 높이도 지상에서서 높은 곳에 위치해 있습니다. 아래 그래프는 운전자 분들의 이해를 돕기 위해 필자가 검사장에 방문한 차량의 시트 높이를 줄자로 측정한 자료입니다.

물론 실제 도면상의 제원과 약간의 오차는 있을 수 있습니다.

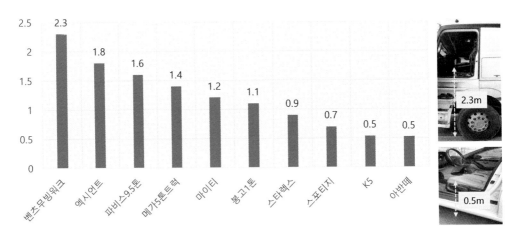

▲ 운전석 시트높이비교(m)

위의 그래프 자료를 보면 대형트럭은 단순한 수치 비교에서 일반 준준형 승용차 좌석 높이의 4.6배 위에 앉아 운전을 합니다. 그만큼 먼거리를 보면서 운전을 할 수 있습니다. 고층 아파트에서 이야기하는 뻥 뚫린 뷰. 그런데 이런 차량들은 차량 바로 앞이나 옆면은 잘 보이지 않습니다. 그리고 대형차 운전자들은 대부분 멀리보고 운전합니다. 등치가 엄청 큰 차량을 감속하려면 미리 먼 곳에 교통상황을 보고 감속 제동을 해야 하므로 대형차 바로 옆에 붙어서 움직이는 작은 차들은 시야에 잘 들어오지 않습니다.

다음은 실제 운전자가 바라보는 시야의 높이를 비교해 보겠습니다. 앞의 자료에 운전자 앉은 키를 더하면 실제 운전자가 차량에서 보는 눈높이가 됩니다. 이는 운전자마다 앉은 키가 모두 다르므로 필자의 앉은 키 높이를 동일하게 대입해 보겠습니다.

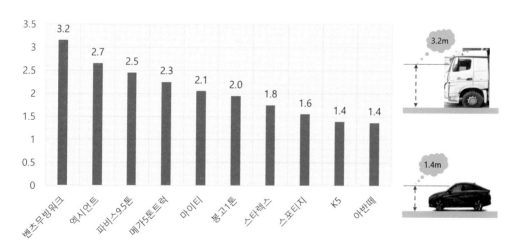

▲ 운전자 전방시야높이(m)

예컨대, 아파트 층간 높이가 보통 2.3m이므로 대형차들은 2층에 앉아서 운전하고, 일반 승용차들은 1층에 앉아 운전하는 뷰하고 거의 유사합니다. 즉, 1층 운전자 시선은 1층 화단주변이 잘 보이지만, 2층 운전자 시선은 바로 앞동을 바라보고 있어 1층 화단 주변이 잘 보이지 않습니다. 사람, 자전거, 오토바이, 승용차량 등은 대형차량 운전자 시야에 잘 들어오지 않습니다. 그러므로 운전 중 대형차량 앞·뒤 그리고 옆에 바짝 붙어 운전하는 행동은 바람직하지 않습니다.

3. 대형 차량들의 차체 길이

다음은 대표적인 대형 차량들의 차체 길이를 비교해 보겠습니다. 통상적으로 차체 길이가 길수록 선회 변경은 커지고 신속한 차선 변경이 되지 않습니다.

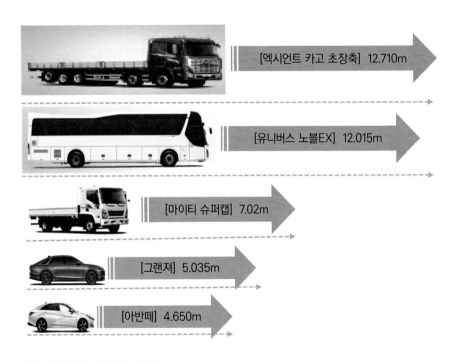

[엑시언트 카고 초장축] 12.710m

[유니버스 노블EX] 12.015m

[마이티 슈퍼캡] 7.02m

[그랜저] 5.035m

[아반떼] 4.650m

[제원 및 사진출처: 현대자동차 홈페이지]

단순 수치적인 비교를 해보면 엑시언트 카고의 길이는 준준형 승용차 길이의 2.73배입니다. 그만큼 차선 변경 시 민첩하지 못하고 시간이 많이 걸립니다. 그런데 대형차량이 차선을 변경할 때 그 사이를 비집고 빠르게 진입하는 것은 상당히 위험한 행동입니다. 대형차는 탑(머리)이 진입하고 마지막 꼬리 차체가 차선에 들어올 때까지 시간이 더 걸리므로 일단 대형차 머리가 변경 차선에 진입했다면 뒤따라오는 차량은 감속을 유도하거나 조심해서 다른 차선으로 변경해야 합니다.

최근에 대형버스 뒷면을 보면 아래와 같은 스티커가 붙어 있습니다. 버스 길이가 길어서 버스가 우회전하거나 '차선 변경시 위험하오니 끼어들지 마십시오'라는 안내문입니다. 대형차를 운전하는 기사들의 이야기도 대형차량의 회전 반경 특성을 전혀 이해하지 못하는 승용차 운전자들이 의외로 많다고 합니다.

대형 차량의 특성과 운전 환경을 배려하지 않고 무리하게 끼어들기를 할 경우 자칫 대형 사고를 유발할 수 있으므로 항시 상대를 배려하는 여유와 양보로 안전 운전이 습관화되어야 합니다.

[필자 동네 버스에서 촬영한 버스 차선변경 및 우회전시 주변 승용차량 주의 안내 스티커]

그리고 승용 차량들은 차체 크기가 작은 상태에서 색깔이 검은색 계통에 가까울수록 해질 무렵과 동트기 전에 대형차량 운전석에서 보면 눈에 잘 띄지 않습니다.

그래서 반드시 전조등을 점등하는 것이 좋습니다. 그런데 초보 운전자중에는 클러스터 조명이 밝은 것을 미등이나 전조등이 켜진 것으로 착각하고 주행하는 운전자를 간혹 보게 됩니다. 일명 스텔스 승용차! 도로에서 자신을 숨기는 행동은 아주 위험한 생각입니다. 매번 전조등 ON/OFF가 귀찮다면 전조등 스위치를 AUTO에 놓고 다니시길 권합니다. 필자도 그렇게 하고 있습니다. 주변이 어두워지면 등화장치를 자동으로 작동시켜주는 아주 편리하고 안전한 장치입니다.

4. 대형 차량의 바퀴 및 제동 특성

대형 차량들은 통상 많은 양의 화물을 싣고 주행하기 때문에 보통 타이어 크기가 왠만한 승용차 높이와 비슷합니다. 또한 그런 타이어들이 작게는 6개~많게는 14개 이상 되는 차량들도 많습니다.

그래서 타이어를 한 번 교체하면 비용이 엄청나게 들어갑니다. 타이어가 많다는 것은 상대적으로 출발할 때 가속력이 떨어지므로 가능한 대형차 운전자들은 차량을 멈추었다 출발하는 것을 별로 선호하지 않습니다. 연비도 나빠지고 일정 속도 이상으로 가속하는데 그만큼 시간이 걸리기 때문입니다.

대형차량에는 주브레이크(마찰브레이크) 外 감속브레이크(엔진 배기브레이크 또는 리타더) 등이 장착되어 있고 대부분의 운전자들은 위급 상황이 아니면 감속할 때 주브레이크 사용을 잘 하지 않습니다.

제가 대형차량 검사장에 대형차 주 브레이크 검사를 해 보면 바퀴가 많은 만큼 제동합 부족, 편제동, 전혀 작동되지 않는 바퀴 등, 제동력 관련 문제점들이 의외로 많습니다. 그래도 검사장에 오기 전까지 그 상태로 도로에서 운전합니다.

이유는 감속브레이크를 주로 사용해서 주 브레이크의 문제점이 잘 파악되지 않기 때문입니다.

주 브레이크는 대부분 감속 브레이크로 충분히 감속을 하고 난 다음 마지막 차량을 멈추기 위해 주로 사용합니다. 그런데 어떤 급박한 상황이 발생하면 그때 급제동을 하는데 이때는 주 브레이크가 작동을 합니다. 그런데 주브레이크 상태가 평소 잘 확인되지 않다가 이런 상황에서 문제가 발견되는 황당한 일이 벌어질 수 있습니다.

짐을 잔뜩 실은 대형차가 앞에 서있는 차들을 그냥 불도저처럼 밀고 지나가는 상황... 생각만 해도 끔찍합니다. 그래서 대형 차량들이 브레이크와 관련된 교통사고가 발생하면 대형 사고로 이어지는 경우가 많습니다.

앞서 필자가 말했듯이 대형 차량이 급브레이크 밟는 환경을 절대로 만들면 안되는 이유입니다.

특히 초보 운전자분들은 휴게소 등에서 본선으로 합류할 때 대형 차량이 속도를 내서 달려오는 것을 무시하고 무리한 끼어들기를 절대로 해서는 안됩니다. 끼어들기에 자신 없으면 여유가 생길 때까지 비상등 켜고 멈춰 있는게 더 안전한 일입니다. 그리고 끼어들기는 갓길에서 내 차량을 충분히 가속 후 차량에 탄력이 붙으면 본선 진입 차량을 주의해서 사선으로 부드럽게 진입을 해야 합니다.

끼어들기할 때 액셀 밟는 것을 두려워해서는 안됩니다. 내 차량의 속도가 빠를수록 끼어들기 본선 합류에 여유가 생깁니다.

아래 그림은 [10×4] 대형트럭 바퀴 구성과 제동장치 위치를 표시한 그림입니다. 여기서 유압식 리타터 감속기는 M/T 끝단 출력축에 장착되어 구동축 회전에 저항을 걸어 구동 바퀴가 감속하는 역할을 하게 됩니다. 쉽게 말하면 엔진브레이크 효과를 얻습니다. 장점은 편제동 현상없이 부드러운 감속이 가능하고 마찰 브레이크를 사용하지 않으므로 빗길, 눈길 등에서 바퀴가 락킹되지 않아 안정된 제동력을 발휘합니다.

단, 단점은 바퀴휠을 락킹할 수 없어 일정 감속까지만 임무를 수행하고 차량을 멈추고 못 움직이게 하는 것은 주 브레이크가 담당을 합니다. 그렇다면 왜, 처음부터 주 브레이크를 바로 작동하지 않을까요?

이유는 차량의 무게가 엄청 나가는 차량의 바퀴에 주 브레이크를 바로 걸면 엄청난 힘이 걸리고 그에 따른 드럼과 라이닝의 온도가 급격히 올라가 페이드 현상을 유발하고 특히 잦은 브레이크 사용이 많은 긴내리막 길에서는 브레이크가 작동되지 않고 밀리는 현상이 발생합니다. 또한 브레이크 라이닝 수명도 짧아져 잦은 정비 및 관리에 문제가 발생합니다.

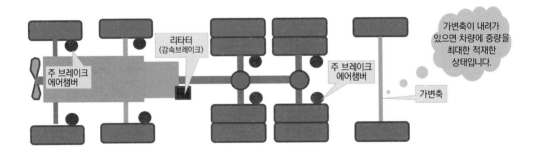

※ 브레이크 페이드[fade]현상: 브레이크 패드 & 라이닝과 드럼 및 디스크 등에 온도가 과도하게 높아지면, 마찰계수가 낮아져서 브레이크의 제동력이 급격히 떨어지고 제동이 되지 않는 현상을 말합니다.
※ 가변축: 대형 차량들은 중량물을 많이 실었을 때 각 바퀴에 하중 부담을 줄이기 위해 가변축을 설치하여 필요 시 내렸다가 중량물을 하역하면 주행 저항을 줄이기 위해 바퀴축 하나를 들고 다닙니다.

5. 대형차량의 특성정리 및 이해

이 장에서는 대형차량의 특징에 대해 최대한 일반 운전자들이 알고 있어야 할 내용에 대해 간략하게 정리해 보았습니다. 도로에서 운전을 하다보면 정말로 다양한 용도의 차량들과 함께 도로를 달리게 되고 상황에 따라 예상치 않는 교통사고가 발생합니다.

특히 대형차량이 포함된 교통사고는 일반 승용차 운전자에게도 치명적인 결과를 초래할 수 있습니다. 그래서 사전에 충분히 대형 차량의 특성을 이해하고 운전 중 상호 배려를 통해 대형 차량과 엮이는 사고가 일어나는 일이 없기를 바랍니다.

대형 차량의 특성

- 전반적으로 차량 총중량이 30톤이 넘는 차량들이 많고 감속 브레이크와 주 브레이크를 병용해서 사용합니다.
- 차량 길이가 12m를 넘는 차량들이 있으며, 회전 반경이 크고 신속한 차선 변경 이 어렵습니다.
- 운전 좌석이 높아 전방은 멀리까지 볼 수 있지만, 근거리의 전·후와 측면은 잘 보이지 않습니다.

1 충분한 안전거리 확보
대형차량과는 충분한 안전거리를 확보합니다.

2 차선 변경과 끼어들기
대형차량 앞에서 무리한 끼어들기와 급 차선 변경은 목숨을 담보로 합니다.

3 전조등 및 등화장치 점등 철저
해질 무렵과 동트기 전 라이트 점등은 필수입니다. 대형 차량들과 함께 운전 중일 때 내차의 존재를 알릴 수 있는 유일한 수단은 전조등을 켜는 것입니다.

4 대형차 주변에 바짝붙어 주행 자제
가급적 체급이 작은 차량일수록 대형차 앞·뒤 또는 측면에 바짝붙어 주행하는 것은 대형차량 운전자 시각에 잘 노출되지 않으므로 예상치 않은 교통사고를 유발할 수 있습니다.

유트브 영상으로 배우는 대형차량 관련 사고들

https://youtu.be/geOtwetZ9ml

https://youtu.be/NFrzibvXnP8

https://youtu.be/sXzXT6N9SOU

https://youtu.be/YUT8SvZn4RA

https://youtu.be/W-RrB1pmp-g

https://youtu.be/zKzRzKIfUhw

- 자동차 운전의 모든 판단은 시각정보에 의해서 이루어지고 시각에 대한 정보취득은 시선 처리와 배분에 있습니다. 그러므로 올바른 시선 처리와 배분은 안전운전에 핵심 요소입니다.

- 운전자는 운전 중 항시 전면을 기본으로 하여 4면을 모니터링하고 이상 징후 발견 시 신속히 대응합니다.

- 모든 운전에서 전면 시야 확보는 매우 중요하며 전면 시야가 확보되지 않은 상태에서의 과속은 예상치 못한 교통사고를 유발합니다.

- 4거리 교차로 통과시 전면 시야도 중요하지만 차량이 진입하는 좌·우 측면을 확인하는 습관이 필요합니다.
  측면 충돌이 발생하면 상대적으로 방호력이 취약한 Door는 운전자 및 조수석 탑승자를 지켜주지 못합니다.

- 차량 감속 시 항시 후방 시야를 모니터링하여 급제동에 따른 2차 추돌사고가 발생하지 않아야 합니다. 또한 차량 제동은 여유 있고 완만하게 나누어서 제동하는 습관을 가져야 합니다.

- 운전 중 대형차량과 엮이는 교통사고는 최악의 상황을 만들 수 있으므로, 대형차 특성을 고려한 충분한 배려와 양보를 통해 교통사를 최소화해야 합니다.
  또한 대형 차량 앞에서 무리한 끼어들기와 급제동은 상황에 따라 운전자 생명을 담보로 하며 대형 교통사고에 원인이 됩니다.

수고하셨습니다.

인지정보

☑ 자동차 사고현황 분석을 통한 경각심 고취
☑ 안전운전의 중요성과 운전의 위험성 인식
☑ 안전운전 생활화를 통한 교통사고 최소화

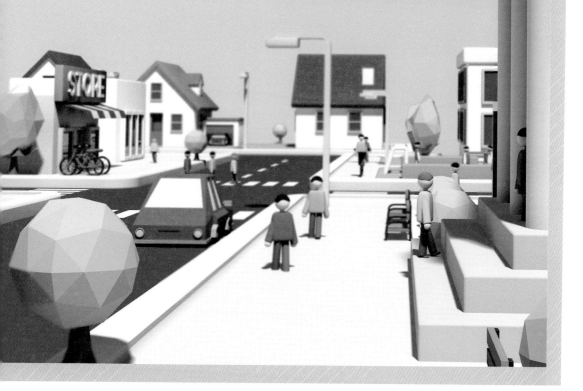

5장

국내 교통사고
현황분석

연도별 차량 등록대수 및 교통사고 현황분석

1. 연도별 자가용(승용/승합) 등록대수 현황

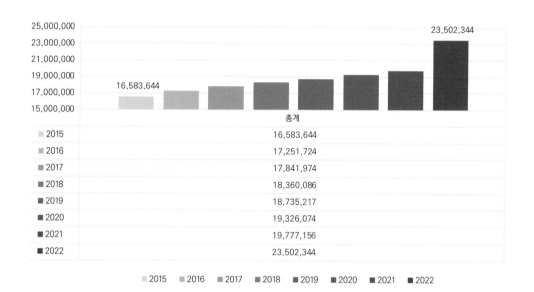

▲ 자동차 등록대수 현황 연도별 KOSIS 통계

출처: https://kosis.kr/statHtml/statHtml.do?orgId=116&tblId=DT_MLTM_1244&conn_path=I2
국토교통부, 「자동차등록현황보고」, 2022, 2023.01.22, 자동차등록대수현황_연도별

2015년 16,583,644대였던 자가용 등록 대수는 2022년 기준 23,502,344대로 7년 사이에 약 41.7%로 증가한 것을 볼 수 있습니다. 즉, 해를 거듭할수록 자가용을 새로 구입하거나 소유하여 등록하는 대수가 많아진다는 의미입니다.

앞에 통계에서 보듯, 사람들은 점차 다양하고 많은 차량을 구입합니다. 하지만 운전에 대한 경각심도 예전처럼 가지고 있을까요?

2. 연도별 교통사고 추세

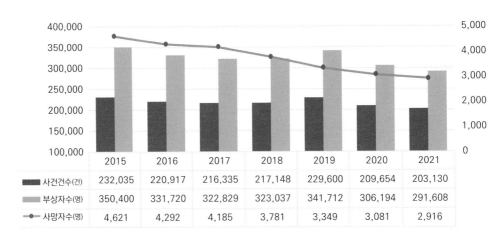

연도별 교통사고 추세

	2015	2016	2017	2018	2019	2020	2021
■ 사건건수(건)	232,035	220,917	216,335	217,148	229,600	209,654	203,130
■ 부상자수(명)	350,400	331,720	322,829	323,037	341,712	306,194	291,608
─●─ 사망자수(명)	4,621	4,292	4,185	3,781	3,349	3,081	2,916

▲ TAAS 교통사고분석시스템 교통사고추세

출처: http://taas.koroad.or.kr/sta/acs/gus/selectTfcacdTrend.do
TAAS 교통사고분석시스템, 「교통사고추세」, 2022, 2023.01.22, 교통사고추세_경찰DB

통계에 따르면 2015년에 비해 사건 건수, 부상자 수, 사망자 수 모두 소폭 감소하습니다. 하지만 부상자 수의 경우 매년 최소 290,000명 이상 발생하고 사망자의 경우에도 최소 2,900명 이상 발생하므로 아직 안심하기는 이릅니다.

2021년 국내 교통사고 현황

1. 월별 교통사고 현황

2021년 국내에서 일어난 교통사고 현황을 가지고 어떠한 경우에 사고가 많이 일어나는지 알아봅시다. 어느 경로에서 사고가 나는지 알고 나면 실제 그 상황에 부딪혔을 때 좀더 신중해 질 수 있습니다.

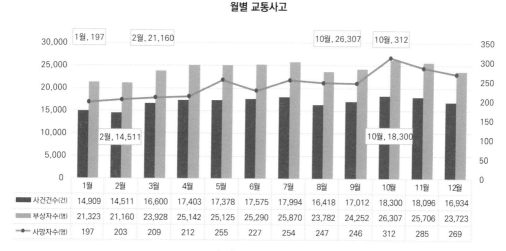

월별 교통사고

	1월	2월	3월	4월	5월	6월	7월	8월	9월	10월	11월	12월
사건건수(건)	14,909	14,511	16,600	17,403	17,378	17,575	17,994	16,418	17,012	18,300	18,096	16,934
부상자수(명)	21,323	21,160	23,928	25,142	25,125	25,290	25,870	23,782	24,252	26,307	25,706	23,723
사망자수(명)	197	203	209	212	255	227	254	247	246	312	285	269

▲ TAAS 교통사고분석시스템 월별 교통사고

출처: http://taas.koroad.or.kr/sta/acs/exs/typical.do?menuId=WEB_KMP_OVT_UAS_TAT#
　　　TAAS 교통사고분석시스템, 「월별교통사고」, 2022, 2023.01.22, 교통사고(경찰DB)_교통사고발생추세

사고건수, 부상자수, 사망자수 모두 10월에 가장 많은 것으로 나타났습니다. 각각 사고건수 18,300건, 부상건수 26,307건, 사망자수 312건입니다. 사건건수와 부상자수는 2월에 가장 적었으며 각각 사고건수 14,511건, 부상건수 21,160건입니다. 사망자는 1월에 가장 적었으며 197건으로 집계되었습니다.

2. 요일별 교통사고 현황

2021년 한 해동안 일어난 교통사고 중 요일별로 사고 현황을 아래 차트로 재구성하였습니다. 사고 건수, 부상자 수, 사망자 수 순으로 파악이 가능합니다.

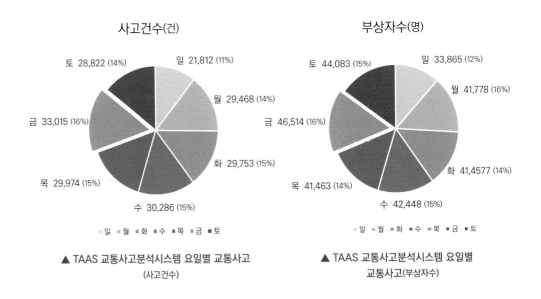

▲ TAAS 교통사고분석시스템 요일별 교통사고
(사고건수)

▲ TAAS 교통사고분석시스템 요일별
교통사고(부상자수)

출처: : http://taas.koroad.or.kr/sta/acs/exs/typical.do?menuId=WEB_KMP_OVT_UAS_PDS,TAAS
교통사고분석시스템,「요일별 교통사고」, 2022, 2023.01.22, 교통사고(경찰DB)_교통사고발생추세)

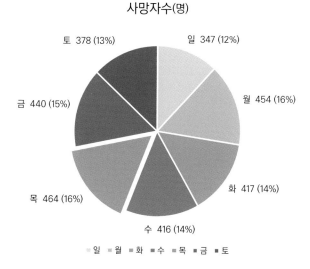

사망자수(명)

일 347 (12%)
월 454 (16%)
화 417 (14%)
수 416 (14%)
목 464 (16%)
금 440 (15%)
토 378 (13%)

▪일 ▪월 ▪화 ▪수 ▪목 ▪금 ▪토

▲ TAAS 교통사고분석시스템 요일별 교통사고(사망자수)

출처: http://taas.koroad.or.kr/sta/acs/exs/typical.do?menuId=WEB_KMP_OVT_UAS_PDS,TAAS
교통사고분석시스템,「요일별 교통사고」, 2022, 2023.01.22, 교통사고(경찰DB)_교통사고발생추세

위의 차트들을 정리해보면, 요일별 교통사고 중 사고 건수와 부상자 수는 '금요일'이 각각 16%(33,015건), 16%(46,514명)으로 많았고, 사망자 수는 '목요일'이 16%(464건)으로 가장 많았습니다.

3. 시간대별 교통사고 현황

이번에는 시간대별로 어느 시간대에 가장 사고가 많이 발생하는지 알아봅시다. 시간 기준은 0시부터 24시 자정까지이며, 아래 차트로 재구성하였습니다.

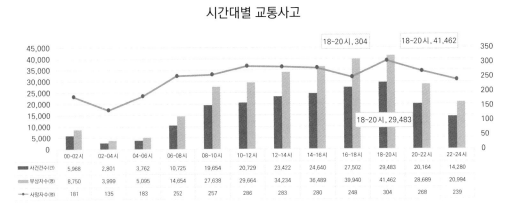

시간대별 교통사고

	00-02시	02-04시	04-06시	06-08시	08-10시	10-12시	12-14시	14-16시	16-18시	18-20시	20-22시	22-24시
사건건수(건)	5,968	2,801	3,762	10,725	19,654	20,729	23,422	24,640	27,502	29,483	20,164	14,280
부상자수(명)	8,750	3,999	5,095	14,654	27,638	29,664	34,234	36,489	39,940	41,462	28,689	20,994
사망자수(명)	181	135	183	252	257	286	283	280	248	304	268	239

▲ TAAS 교통사고분석시스템 시간대별 교통사고

출처: http://taas.koroad.or.kr/sta/acs/exs/typical.do?menuId=WEB_KMP_OVT_UAS_PDS
TAAS 교통사고분석시스템, 「시간대별 교통사고」, 2022, 2023.01.22, 교통사고(경찰DB)_교통사고발생추세

사고 건수, 부상자 수, 사망자 수 모두 18시~20시에 가장 많은 것으로 나타났습니다. 각각 29,483건, 41,462명, 304명으로 집계되었습니다. 이와 반대로 02시~04시 사이 시간대에는 사고 건수(2,801건), 부상자 수(3,999명), 사망자 수(135명)으로 가장 낮은 사고율을 보였습니다. 이렇듯 시간대별로도 교통사고 발생 건수에 많은 차이를 나타내고 있습니다.

4. 연령층별 교통사고 현황

연령층별 교통사고는 2021년 한해 가해운전자별로 사고 건수, 부상자 수, 사망자 수를 정리하였습니다.

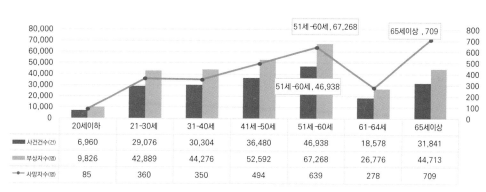

연령층별 교통사고

	20세이하	21-30세	31-40세	41세-50세	51세-60세	61-64세	65세이상
사건건수(건)	6,960	29,076	30,304	36,480	46,938	18,578	31,841
부상자수(명)	9,826	42,889	44,276	52,592	67,268	26,776	44,713
사망자수(명)	85	360	350	494	639	278	709

▲ TAAS 교통사고분석시스템 가해운전자 연령층별 교통사고

출처: http://taas.koroad.or.kr/sta/acs/exs/typical.do?menuId=WEB_KMP_OVT_UAS_PDS
TAAS 교통사고분석시스템, 「가해운전자 연령층별 교통사고」, 2022, 2023.01.22, 교통사고(경찰DB)_교통사고발생추세

사고 건수와 부상자 수는 51~60세 이상이 가장 많은 것으로 나타났습니다. 각각 46,938건, 67,268명으로 집계되었습니다. 사망 사고는 65세 이상 연령층이 가장 많으며 709명으로 집계되었습니다. 이는 우리가 흔히 고정관념처럼 생각하는 '20대 초중반이 사고 건수가 제일 높을 것이다'라고 생각하는 것과는 상반된 내용입니다.

그렇다고 해서, 21~30세 사이의 사고율이 결코 낮은 것은 아닙니다. 사고 건수 29,076건, 부상자 수 42,889명, 사망자 수 360명으로 집계되었습니다. 운전의 경력도 중요하지만 운전을 자만하는 순간 사고의 위험성도 훨씬 높아질 수 있는 것입니다.

5. 사고유형별 교통사고 현황

위에서 다뤘던 연령층별 교통사고에 대해서 조금 더 세분화하여 살펴봅시다.

연령층은 동일하나, 사고가 차대 사람, 차대차, 차량 단독 사고 중 어느 비중이 큰지 아래 차트로 재구성하였습니다.

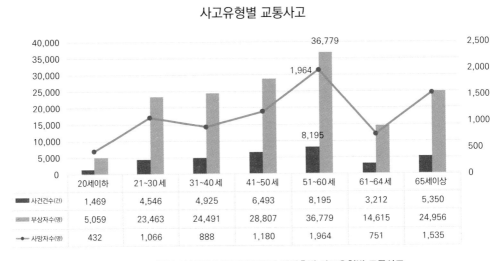

사고유형별 교통사고

	20세이하	21~30세	31~40세	41~50세	51~60세	61~64세	65세이상
사건건수(건)	1,469	4,546	4,925	6,493	8,195	3,212	5,350
부상자수(명)	5,059	23,463	24,491	28,807	36,779	14,615	24,956
사망자수(명)	432	1,066	888	1,180	1,964	751	1,535

▲ TAAS 교통사고분석시스템 가해운전자 연령층별 사고유형별 교통사고

출처: http://taas.koroad.or.kr/sta/acs/exs/typical.do?menuId=WEB_KMP_OVT_UAS_PDS
TAAS 교통사고분석시스템, 「가해운전자 연령층별 사고유형별 교통사고」, 2022, 2023.01.22, 교통사고(경찰DB)_교통사고발생추세

위의 본문 중 연령층별 교통사고의 사고 건수를 좀 더 자세히 파악한 것입니다. 첫 번째로, 차대차 사고 최다 기록 연령은 51~60세 입니다. 이 연령대 사고건수는 8,195건이고 부상자수는 36,779명으로 집계되었습니다. 그 외 사망자수는 1,964명으로 다른 연령들에 비해 높게 발생하였습니다.

그렇다고 해서 51~60세 연령을 제외한 다른 연령에서의 사고비율도 절대 낮은 것이 아닙니다. 21~30세 연령에서도 부상자수는 23,463명이고 31~40세 연령에서는 24,491명으로 절대 작은 수치가 아니기에 주의가 필요합니다.

6. 시도별 교통사고 현황

이번에는 시도별로 교통사고의 현황을 알아봅시다. 전국의 시도별로 집계된 사고 건수, 사망자 수, 부상자 수에 대해 아래 차트로 재구성하였습니다.

시도별 교통사고

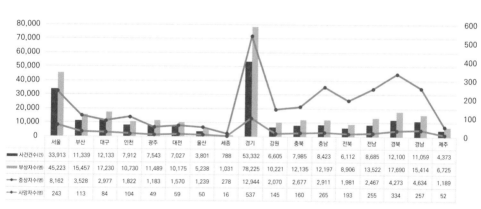

	서울	부산	대구	인천	광주	대전	울산	세종	경기	강원	충북	충남	전북	전남	경북	경남	제주
사건건수(건)	33,913	11,339	12,133	7,912	7,543	7,027	3,801	788	53,332	6,605	7,985	8,423	6,112	8,685	12,100	11,059	4,373
부상자수(명)	45,223	15,457	17,230	10,730	11,489	10,175	5,238	1,031	78,225	10,221	12,135	12,197	8,906	13,522	17,690	15,414	6,725
중상자수(명)	8,162	3,528	2,977	1,822	1,183	1,570	1,239	278	12,944	2,070	2,677	2,911	1,981	2,467	4,273	4,634	1,189
사망자수(명)	243	113	84	104	49	59	50	16	537	145	160	265	193	255	334	257	52

▲ TAAS 교통사고분석시스템 시도별 교통사고(광역)

출처: http://taas.koroad.or.kr/sta/acs/exs/typical.do?menuId=WEB_KMP_OVT_UAS_PDS&patternId=646
TAAS 교통사고분석시스템, 「시도별 교통사고(광역)」, 2022, 2023.01.22, 교통사고(경찰DB)_교통사고발생추세

단순히 각 지역별 사고 건수, 부상자 수, 중상자 수, 사망자 수를 지역별로 나열해 보면, 평균적으로 경기도가 가장 많이 발생하는 것으로 나타났습니다. 각각 55,322건, 78,225명, 12,944명, 537명으로 집계되었습니다.

7. 시도별 인구 10만명당 사고유형 분석

위의 차트에서는 단순히 사고 건수 등의 총합계로 지역별 사고빈도를 알아보았습니다. 이번에는 각 지역의 인구 10만 명당 사고 건수, 부상자 수, 중상자 수, 사망자 수가 어떻게 집계되었는지 알아봅시다. 아래 차트로 재구성하였습니다.

인구 10만명당 시도별 교통사고

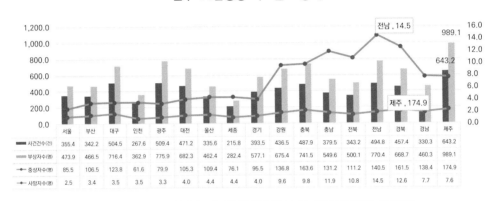

	서울	부산	대구	인천	광주	대전	울산	세종	경기	강원	충북	충남	전북	전남	경북	경남	제주
사건건수(건)	355.4	342.2	504.5	267.6	509.4	471.2	335.6	215.8	393.5	436.5	487.9	379.5	343.2	494.8	457.4	330.3	643.2
부상자수(명)	473.9	466.5	716.4	362.9	775.9	682.3	462.4	282.4	577.1	675.4	741.5	549.6	500.1	770.4	668.7	460.3	989.1
중상자수(명)	85.5	106.5	123.8	61.6	79.9	105.3	109.4	76.1	95.5	136.8	163.6	131.2	111.2	140.5	161.5	138.4	174.9
사망자수(명)	2.5	3.4	3.5	3.5	3.3	4.0	4.4	4.4	4.0	9.6	9.8	11.9	10.8	14.5	12.6	7.7	7.6

▲ TAAS 교통사고분석시스템 시도별 교통사고(광역)_인구 10만명당 사고집계

출처: http://taas.koroad.or.kr/sta/acs/exs/typical.do?menuId=WEB_KMP_OVT_UAS_PDS&patternId=646
TAAS 교통사고분석시스템, 「시도별 교통사고(광역)」, 2022, 2023.01.22, 교통사고(경찰DB)_교통사고발생추세

인구 10만 명당 시도별 교통사고 통계로는 사고 건수, 부상자 수, 중상자 수가 제주에서 가장 많이 발생하는 것으로 나타났습니다. 각각 643.2건, 989.1명, 174.9명 순으로 나타났습니다. 그 다음으로 사망자 수는 전남에서 가장 많이 나타났습니다. 집계 결과 인구 10만 명당 14.5명으로 나타났습니다.

※ 각각 소수점은 인구 10만명당 기준으로 작성되었음.

8. 시도별 도로 1km당 사고유형 분석

이번에는 각 지역의(시도별) 1km 당 사고 건수, 부상자 수, 중상자 수, 사망자 수에 대해 알아봅시다. 아래 차트로 재구성하였습니다.

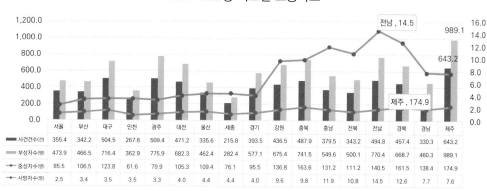

도로 1km당 시도별 교통사고

	서울	부산	대구	인천	광주	대전	울산	세종	경기	강원	충북	충남	전북	전남	경북	경남	제주
■ 사건건수(건)	355.4	342.2	504.5	267.6	509.4	471.2	335.6	215.8	393.5	436.5	487.9	379.5	343.2	494.8	457.4	330.3	643.2
▬ 부상자수(명)	473.9	466.5	716.4	362.9	775.9	682.3	462.4	282.4	577.1	675.4	741.5	549.6	500.1	770.4	668.7	460.3	989.1
◆ 중상자수(명)	85.5	106.5	123.8	61.6	79.9	105.3	109.4	76.1	95.5	136.8	163.6	131.2	111.2	140.5	161.6	138.4	174.9
◆ 사망자수(명)	2.5	3.4	3.5	3.5	3.3	4.0	4.4	4.4	4.0	9.6	9.8	11.9	10.8	14.5	12.6	7.7	7.6

▲ TAAS 교통사고분석시스템 시도별 교통사고(광역)_도로 1km당 사고집계

출처: http://taas.koroad.or.kr/sta/acs/exs/typical.do?menuId=WEB_KMP_OVT_UAS_PDS&patternId=646
TAAS 교통사고분석시스템, 「시도별 교통사고(광역)」, 2022, 2023.01.22, 교통사고(경찰DB)_교통사고발생추세

도로1km 당 시도별 교통사고 기준으로, 사고 건수는 서울이 4.1로 가장 높았습니다. 반대로 전북은 사고 건수 0.7로 가장 낮았습니다. 이 외에도 중상자 수는 서울, 부산, 대구가 1.0으로 가장 높았으며, 강원. 전북, 전남이 0.2로 가장 낮았습니다.

부상자 수는 광주가 6.1로 가장 높고, 강원이 1.0으로 가장 낮게 집계되었습니다. 이렇듯 시도별로, 또 인구별 등등 다양한 관점에서 교통사고 유형 분석이 가능합니다.

- 2021년 기준 한 해 교통사고 부상자 수는 291,680명이고, 사망자 수는 2,916명으로 하루 평균 8명이 교통사고로 죽고 있습니다.

- 계절별 부상자 수와, 사망자 수를 비교해 보면 10월이 가장 많이 발생하고 있습니다.

- 요일별 교통사고 건수는 부상자는 금요일 3,3015명이고 사망자는 목요일 464명으로 가장 높습니다.

- 하루 중 부상자 수와 사망자 수가 가장 많은 시간대는 18~20시 사이입니다.

- 사고 건수와 부상자 수는 51~60세 이상이 가장 많은 것으로 나타났으며, 각각 46,938명으로 집계되었고, 사망사고는 65세 이상 연령층이 가장 많으며 709명으로 집계되었습니다.

  참고로 20대 초반 사고 건수 29,076건, 부상자 수 42,889명, 사망자 수 360명으로 적은 수는 아니므로, 이들을 위한 충분한 교통사고 예방 교육이 필요할 때입니다.

  수고하셨습니다.

AI도 훔쳐보는

방어 운전 필살기

초 판 인 쇄 | 2024년 1월 10일
초 판 발 행 | 2024년 1월 10일

저　　자 | 김영철 · 김하늘
발 행 인 | 김길현
발 행 처 | (주) 골든벨
등　　록 | 제 1987－000018호
I S B N | 979－11－5806－665－9
가　　격 | 18,000원

편집 및 디자인 | 조경미 · 박은경 · 권정숙　　　　**제작 진행** | 최병석
웹매니지먼트 | 안재명 · 서수진 · 김경희　　　　**오프 마케팅** | 우병춘 · 이대권 · 이강연
공급관리 | 오민석 · 정복순 · 김봉식　　　　　　**회계관리** | 김경아

(우)04316 서울특별시 용산구 원효로 245(원효로 1가 53-1) 골든벨 빌딩 5~6F
• TEL: 도서 주문 및 발송 02-713-4135 / 회계 경리 02-713-4137
　　　내용 관련 문의 02-713-7452 / 해외 오퍼 및 광고 02-713-7453
• FAX : 02-718-5510　　• http : //www.gbbook.co.kr　　• E-mail : 7134135@naver.com